내 아이를 위한 7가지 행복 씨앗

– 여자아이 편 –

ONNANOKO NO SODATEKATA

Copyright © 2017 by Hidemi NAKANO

Illustrations by sayasans

First published in Japan in 2017 by Daiwashuppan, Inc. Japan

Korean translation rights arranged with PHP Institute, Inc.

through EntersKorea Co., Ltd.

내 아이를 위한
7가지 행복 씨앗

─ 아이의 인생을 바꾸는 잠재의식 교육법 ─

나카노 히데미 지음 | 이지현 옮김

★★★
여자아이
편

미래에 모든 것이 충만한
행복한 여자로 키우기 위해서

이 책과 만난 특별한 인연의 당신에게 감사의 마음을 전한다. 일단 당신에게 해주고 싶은 말이 있다.

바로 '이 책은 기존의 육아서와 전혀 다르다'는 것이다.

다른 점으로 크게 세 가지를 들 수 있다.

첫 번째는 자녀의 '잠재의식'이라는, 지금까지 그 누구도 다루지 않았던 영역을 깊게 파고든 육아서라는 점이다.

두 번째는 부모가 자녀에게 건네는 '언어'에 초점을 맞춘 책이 아니라, 언어와 마찬가지로, 아니 경우에 따라서는 그 이상으로 자녀에게 더 큰 영향을 미치는 '부모의 태도와 행동', '부모의 삶의 방식'에 관해서 자세하게 언급하고 있다는 점이다.

마지막 세 번째는 '오늘부터라도 당장 실천할 수 있고, 큰 효과를 기대할 수 있는 방법'을 실었다는 점이다.

다시 말하지만 이 책은 일본 최초로 '자녀의 잠재의식을 자극하는 육아법'을 구체적으로 소개하고 있다. 만일 이 책에서 소개하는 방법을 실제 육아에 접목한다면 당신의 자녀도 틀림없이 장래에 모든 것이 충만한 행복한 여자가 될 것이다.

자기소개가 늦었는데 내 이름은 나카노 히데미다. 지금까지 20여 년간 심리치료사(Psychological therapist)로 활동하고 있다.

나는 심리치료사로서 주로 잠재의식의 영역을 다룬다.

잠재의식을 자극하고 활성화시키는 심리 치료는 심리 요법 중에서 가장 어렵고 섬세한 영역이다. 이런 심리 치료는 일반 상담(counseling)보다 고객의 정신과 마음, 나아가 인생까지 깊게 관여하는 것이 특징이다.

그래서 일반 상담에 비해 치료 시간이 길다. 일반 상담은 보통 1~3시간 정도 상담을 하지만 나는 6시간을 치료에 할애한다. 이례적으로 긴 편이다. 내가 지금까지 치료해온 고객이 3천 명 이상이니 심리 치료에 들인 시간만 따져도 1만 8천 시간 이상인 셈이다.

나는 심리 치료를 할 때 고객의 어린 시절에 대해 상세하게 묻는다. 그중에서도 특히 부모가 어떤 사람이었고, 그런 부모에게서 어떻게 양육됐는지를 보다 깊게 파고든다.

그 결과, 내가 알게 된 점은 부모의 양육 방법이 자녀의 인생을 크게 좌우한다는 사실이다.

물론 '당연한 거 아닌가요?'라고 묻고 싶을 것이다. 하지만 이는 그리 간단하지 않다.

부모라면 누구나 '자신보다 소중한 자녀의 미래를 위해서 좋다는 것은 뭐든지 다 해주고 싶어'한다. 나 또한 두 아이의 엄마이기에 이런 부모의 마음을 누구보다 잘 안다.

하지만 '내리사랑은 있어도 치사랑은 없다'는 속담처럼 내가 20년 가까이 심리 치료를 하면서 알게 된 것은 부모가 아무리 자식을 위해서 한 일이라도 자식이 이를 순순히 받아들이지 않을 수도 있다는, 부모에게는 다소 충격적인 사실이다. 그렇다면 어떻게 하면 좋을까?

그에 대한 답이 바로 자녀의 잠재의식을 자극하는 방법이다.

만일 이것이 가능하다면 그 효과는 자녀의 미래에 반영구적으로 지속될 수 있다. 단, 자녀의 잠재의식을 자극한다면서 오히려 '불행으로 이끄는 씨앗'을 뿌린다면, 모든 것이 물거품이 되어 역효과가 날 수 있으니 주의해야 한다. 어디까지나 자녀에게 '행복으로 이끄는 씨앗'을 심어줘야 한다.

어쩌면 당신은 '무엇이 불행을 가져다주고 무엇이 행복을 가져다주는지 모르겠다'며 불안해할지도 모른다. 하지만 안심하길 바란다. 이 책에서는 무엇이 자녀를 불행하게 만드는지에 대해서도 상세하게 다루고 있다.

또한 내가 오랜 연구 끝에 얻어낸 부모의 말과 행동, 태도, 삶의 방식을 통해서 자녀의 잠재의식에 어떻게 하면 '행복의 씨앗'을 심을 수 있는지도 빠짐없이 실었다.

물론 그 효과는 내 고객들이 증명해주고 있다. 내 조언을 실천한 대부분의 사람들은 자녀의 '극적인 변화'라는 달콤한 열매를 맛보고 있다('기쁨의 후기'는 프롤로그를 참고하길 바란다). 나 또한 이 방법으로 딸을 키웠는데, 딸은 현재 어린 시절의 꿈이었던 의사가 되어 매일 씩씩하고 친절하게 진료에 힘쓰고 있다.

나 자신은 물론 딸에게까지 효과를 본 방법을 이번 기회에 더 많은 부모들이 여자아이를 키우는 데에 활용하고 실천했으면 하는 바람으로 이 책을 썼다.

앞에서 언급했듯이 나는 지금까지 잠재의식을 자극하는 심리치료사로서, 아마도 일본에서는 가장 깊이 있게 그리고 오랫동안 부모와 자녀의 관계에 초점을 맞춘 조언을 해왔다고 자부한다.

내 치료 방법은 '교류 분석'이라는 심리학을 바탕으로 '신경언어 프로그래밍(NLP, Neuro-linguistic Programming)'과 '현대 최면'을 함께 구사하는 독특하면서도 과학적인 근거를 가진 치료법이다. 이런 의미에서 책에서 소개하는 자녀의 잠재의식을 자극하는 방법은 심리치료사로서 내 인생을 응축해 놓은 것이라고 할 수 있다.

마치 천사처럼 우리들 곁으로 와준 세상에서 가장 사랑스러운 딸. 줄 수만 있다면 세상에서 가장 큰 기쁨을 주고 싶은 것이 부모의 마음일 것이다.

당신의 소중한 딸의 인생을 환히 비춰줄 '행복의 씨앗'을 되도록 많이 심어줄 수 있기를 간절히 바란다.

부모와 자녀의 심리 커뮤니케이션 협회
대표 나카노 히데미(中野日出美)

프롤로그
잠재의식이라는 밭에
일곱 가지 '행복의 씨앗'을 심자

행복의 씨앗 2

여자아이의 잠재의식에 슬며시 '자신에게 상처 주지 않는 씨앗'을 심는다

행복의 씨앗 3
여자아이의 잠재의식에 '선택받는 여자가 아니라, 선택하는 여자가 되는 씨앗'을 심는다

행복의 씨앗 4

여자아이의 잠재의식에 슬며시
'여자들의 전쟁터에서
살아남는 씨앗'을 심는다

행복의 씨앗 5

여자아이의 잠재의식에 슬며시 '유연하면서도 씩씩하게 인생을 개척하는 씨앗'을 심는다

행복의 씨앗 6

여자아이의 잠재의식에 슬며시 '이상적인 파트너를 끌어당기는 씨앗'을 심는다

절대로 심어서는 안 되는 '불행의 씨앗' ··· 163
1. 아빠가 집에서 절대 권력자이고 딸을 몹시 사랑한다
2. 엄마가 신데렐라나 유명 인사를 동경한다
3. 엄마가 아빠를 어린아이처럼 대한다.
4. 아빠나 이모부(고모부), 할아버지 등 주변 사람들의 생활이 한심하다
5. 엄마가 좋아하는 이상형을 딸에게 강요한다
6. '결혼이 인생의 목표'라고 가르친다
7. 엄마는 항상 뭔가를 해달라고 조른다

일곱 가지 '이상적인 파트너를 끌어당기는 씨앗' ··· 170
1. 수준 높은 남자에게 어울리는 여자가 된다
2. 건강과 외모에 신경을 쓴다
3. 남에게 뭔가를 베푸는 기쁨을 알려준다
4. 이상적인 파트너가 있는 환경에서 생활한다
5. 먼저 다가갈 줄 아는 용기를 길러준다
6. 괜찮은 남자를 알아보는 안목을 길러준다
7. 이상적인 파트너를 끌어당기는 '언어의 씨앗'

'이상적인 파트너를 끌어당기는 씨앗'을 기르는 "만약에?"라는 질문 ··· 177
'끌어당김의 법칙'의 진실이란? ··· 180

행복의 씨앗 7
여자아이의 잠재의식에 슬며시 '반드시 행복해지는 씨앗'을 심는다

"

아이의 잠재의식은 마치 밭과 같다.

부모가 아이에게 주는 메시지는 씨앗과 같다.

밭에 뿌린 씨앗은 무럭무럭 자라서

나무가 되고

마침내 아름다운 꽃을 피운다.

그리고 부모가 심은 씨앗은 자녀의 인생에서

행복의 꽃이 되기도 하고,

불행의 꽃이 되기도 한다.

"

잠재의식이라는 밭에
일곱 가지 '행복의 씨앗'을 심자

왜 아이의 잠재의식을 자극하면
효과가 있을까?

'잠재의식이라니 왠지 미심쩍다'고 생각하는 당신에게

'들어가며'에서 '이 책은 기존의 육아서와 다르다'고 말했다. 그
렇다면 무엇이 다를까?

한마디로 말하자면 '이 책은 아이의 잠재의식을 자극하는 육아법'을
소개하고 있다.

이것이 제일 크게 다른 점이다. 순간 '잠재의식이라니? 뭔가 수
상한데. 그런 걸 아이한테 써도 되나?'라고 생각했을지 모른다.
아무 문제없으니 안심하길 바란다. 대부분의 사람들이 잠재의

식이라고 하면 뭔가 미심쩍다고 생각하는데, 이는 시중에 나온 잠재의식 관련 서적 중에 오컬트적인 주장을 써놓은 책들 때문이다. 그러나 잠재의식 자체는 전혀 위험한 것이 아니다. 이 영역을 다루는 심리요법에는 오랜 역사와 확고한 근거가 있다.

실제로 잠재의식의 성질과 이를 다루는 방법을 체계화된 심리학 및 심리요법에 접목함으로써 우리는 우리의 인생을 극적으로 변화시킬 수 있다.

이 책은 최초로 잠재의식의 성질을 활용해서 여자아이를 장래에 경제적으로 행복한 것은 물론, 정신적으로도 행복한 사람으로 이끄는 구체적인 방법을 소개한다. 그러니 기대를 갖고 읽어주길 바란다.

이 방법을 아는 것과 모르는 것의 큰 차이

이 책을 읽다 보면 기존의 육아서와 다르다는 점을 느끼게 될 것이다. 또한 부모로서 가슴을 쓸어내릴 정도로 안타까운 사례 때문에 깜짝 놀랄 것이다. 하지만 여자아이를 키우는 데 싫은 소리한 번 하지 않고 이상론만 추구한다면, 험난한 인생 여정을 헤쳐나갈 씩씩한 여성으로 자녀를 키울 수 없다. 그래서 이 책에서는 일부러 자녀의 인생에서 일어날 수 있는 가능성을 솔직 담백하게, 그리고 구체적으로 다루고 있다.

재차 언급하는데 잠재의식을 자극하고 활성화시키는 육아법은 안전하며 상당히 효과적이다. 정신 분석학이나 발달 심리학, 교류 분석 등의 효과적이면서 권위 있는 이론을 탁상공론으로 끝내지 않기 위한 방법이라는 점을 강조하고 싶다. 지금까지 이런 훌륭한 이론을 들을 기회는 있어도 실제로 육아에 어떻게 접목하고 활용하면 좋은지에 대해서 알기 쉽게 가르쳐주는 매체는 없었다.

그래서 나는 이 책을 통해 잠재의식을 다루는 심리치료사로서 경험했던 사례와 분석을 바탕으로 '부모가 자녀의 인생에 영향을 미친다는 것은 알아도 무엇이 어떤 영향을 미치는지, 그리고 어떻게 하면 되는지' 등과 같은 의문점에 대한 명쾌한 답을 제시하고자 한다.

앞으로 내가 알려줄 방법을 부모가 아느냐 모르느냐에 따라서 자녀 인생에 펼쳐질 가능성의 폭은 크게 달라질 것이다.

인간의 마음은 두 가지 영역으로 나뉜다

'잠재의식을 자극함으로써 자녀를 장래에 모든 것이 충만한 행복한 여성으로 이끄는 획기적인 방법.'

이 방법을 알려면 일단 잠재의식이 무엇인지를 알아야 한다. 자, 바로 알아보자.

인간의 마음에는 크게 나누어 두 가지 영역이 존재한다.

하나는 자각할 수 있는 마음의 부분인 '현재의식'이다. 현재의식은 분석, 선택, 판단 등을 관장한다.

그리고 다른 하나는 자각할 수 없는 마음의 부분인 '잠재의식'이다. 잠재의식은 감정, 감각, 직감, 상상력 등을 관장한다.

쉽게 설명하면 '현재의식＝머리', '잠재의식＝마음, 신체'라고 할 수 있다.

흔히 이 두 가지 영역은 빙산에 비유된다. 해면 위로 머리를 내밀고 있는 작은 빙산이 현재의식이라면, 해면 아래에 잠들어 있는 큰 빙산이 잠재의식이다.

잘 알다시피 빙산은 해면 위로 보이는 부분보다 해면 아래 보이지 않는 부분이 훨씬 크다. 이와 마찬가지로 인간의 잠재의식도 현재의식보다 몇 십 배나 크다.

우리의 인생에 가장 큰 영향을 미치는 것은?

또한 잠재의식은 단순히 현재의식보다 큰 것에 그치지 않는다. 실재 잠재의식은 현재의식에 비해 훨씬 더 많이 우리의 인생에 영향을 미친다. 왜냐하면 우리는 각자의 사고, 감정, 행동 패턴에 따라 살아가는데 이들 사고, 감정, 행동 패턴을 만드는 것이 잠재의식이기 때문이다.

'무슨 소리예요? 대개 우리는 자기 생각에 따라 행동하니까 자각할 수 있는 마음의 부분인 현재의식에 따라 사는 것이 아닌가요?'라고 묻는데, 아니다. 그렇지 않다.

우리는 자신의 행동을 머리로 결정한다고 생각한다. 하지만 원래 누군가와 만나거나 뭔가를 경험할 때에 어떻게 느끼느냐는 사람마다 다르다. 그리고 그때의 반응은 각자의 '가치관', 즉 '사고 패턴'에 따라 다르다.

예를 들어 물이 절반 정도 담긴 컵을 보고 '아직 절반이나 남았네'라고 느끼는 사람은 마음이 평온하지만 '절반밖에 남지 않았네'라고 느끼는 사람은 마음이 불안하다. 이렇게 되면 당연히 그 이후의 행동도 각각 다르다. 얼핏 머리로 생각하는 것 같지만, 본래 자신의 가치관에 따라 감정이 작용하고 그 이후의 행동이 결정되는 것이다. 그리고 그런 행동 하나하나가 쌓여서 인생이 만들어진다.

이런 사고, 감정, 행동 패턴을 만드는 것이 잠재의식이니 잠재의식이 우리의 인생에 얼마나 큰 영향을 미치고 있는지 잘 알 수 있을 것이다.

순순히 그 말을 따르고 싶은 쪽은?

그렇다면 우리의 인생에 영향을 미치는 사고, 감정, 행동 패턴은 대체 어떻게 만들어지는 것일까? 이는 잠재의식에 전달되는 메시지로 만들어진다.

　이러한 잠재의식에 전달되는 메지시를 '암시(暗示)'라고 한다. 암시의 반대는 '명시(明示)'다. 예를 들어 "충치가 생길 거야. 어서 양치해!"라고 자녀에게 말하는 것이 명시다. 반면에 "아빠는 무척 후회가 돼. 어렸을 때 양치를 조금만 더 잘했더라면 이를 뽑지 않아도 됐을 텐데"라고 말하는 것이 암시다.

　만일 당신의 자녀라면 어느 쪽의 말을 듣고 순순히 이를 닦을 것 같은가? 대부분의 경우는 후자다. 명시는 '양치를 강요받는 기분'이 들게 한다. 하지만 암시는 '자기 스스로 양치하고 싶은 기분'이 들게 한다.

　바로 이것이다. 명령이나 지시처럼 느껴지는 대신 무심코 그 말을 순순히 받아들여 행동하게 만드는 '슬며시 던지는 메시지', 즉 암시야말로 잠재의식을 자극해 우리의 사고와 감정, 행동 패턴에 큰 영향을 미치는 것이다.

부모가 보내는 '세 가지 메시지'가
자녀의 인생을 결정한다!

우리의 일생은 '어린 시절'에 따라 결정된다

교류 분석이라는 심리학에서는 "사람은 누구나 어린 시절에 부모와 어떤 관계를 맺느냐에 따라서 '어떻게 살다가 어떻게 죽는다'는 무의식의 인생 시나리오를 갖게 된다"고 말한다. 마치 영화나 드라마의 대본처럼 시작이 있고 다양한 장면이 있고 결말을 향해 달려가는 기승전결의 패턴을 보이기에 이를 '인생 각본'이라고도 부른다.

그렇다면 인간의 잠재의식에 존재하는 인생 시나리오는 언제, 어떻게 만들어지는 것일까?

이는 '어린 시절에 부모가 자녀에게 보내는 세 가지 메시지로 만들어진다'고 한다.

구체적인 내용은 다음과 같다.

첫 번째는 부모의 말이고, 두 번째는 부모의 행동과 태도, 세 번째는 부모의 삶의 방식이다.

이 세 가지 메시지가 자녀의 인생을 좌우하는 인생 시나리오의 바탕이 된다. 그리고 이 세 가지 메시지를 '암시=슬며시 던지는 메시지'의 형태로 전달하면 보다 큰 영향력을 발휘할 수 있다.

앞서 명시와 암시에 대해서 설명할 때 예로 든 양치를 떠올려 보자. 직설적으로 "양치해!"라고 말하는 것보다 부모가 양치에 대해서 실제로 느낀 점을 전달하는 편이 더 큰 영향력을 발휘하지 않았는가? 이처럼 어떤 메시지든 자녀의 잠재의식을 자극하는 데는 암시가 보다 효과적이다.

잠재의식이 '밭'이라면 부모의 메시지는 '씨앗'이다

나는 강의에서 잠재의식에 대해서 설명할 때 '밭'에 비유한다. 잠재의식은 마치 밭과 같다. 그리고 부모가 자녀에게 보내는 메시지는 '씨앗'과 같다.

밭만 보고는 그 밭에 어떤 씨앗이 심겼는지 전혀 알 수 없다. 하지만 시간이 흐르면 싹이 나고 잎이 나고 튼튼한 나무로 자란다.

이와 마찬가지로 자녀의 잠재의식이라는 밭에도 어떤 씨앗을 심느냐에 따라서 수확물은 확연히 달라진다.

자녀의 인생을 행복으로 이끄는 씨앗이 있다면 불행으로 이끄는 씨앗도 있다.

이 책에서는 부모가 보내는 어떤 메시지가 자녀의 잠재의식이라는 밭에 '행복의 씨앗'을 심는지 구체적으로 설명한다. 또한 여자아이가 정신적, 경제적으로 충만한 삶을 보내는 데에 필요한 '행복의 씨앗'을 심는 방법도 자세하게 다룬다.

이 책에서 소개하는 자녀의 잠재의식에 '행복의 씨앗'을 심는 방법을 실천한다면, 자녀의 인생은 환히 빛나게 될 것이다.

여자아이에게
'행복'이란 무엇인가?

과거와 다르게 격변하는 세상

옛날에는 딸은 '혼기를 넘기기 전에 좋은 남자를 만나 결혼하고 (가능하다면 부유한 집안으로 시집을 보낸다), 시부모님께 사랑받으며 건강한 아이를 낳아 키우는 현모양처'로 키우는 것이 최고였다. 하기야 딸의 행복을 바라지 않는 부모가 어디 있겠는가. 조금이라도 딸이 고생하지 않기를 원하는 것이 당연하다.

하지만 남편에게 사랑받고 보호받으며 안정된 삶을 보내는 것만이 과연 행복일까? 재차 언급하지만 내가 결혼할 당시만 해도 여전히 '여자는 경제력이 있는 남자와 결혼해서 전업주부로 사는 것이 제일 큰 행복'이라는 생각이 지배적이었다.

그런데 요즘은 상황이 많이 달라졌다. 일단 혼자 힘으로 가족을 부양할 만한 유능한 남성들이 급격히 줄고 있다. 또한 여성의 결혼율도 해마다 떨어지고 있으며, 결혼한 부부 3쌍 중 1쌍이 이혼하는 시대다.

즉, 결혼은 더 이상 여자들의 영원한 직장이 아니라는 뜻이다.

게다가 남녀 간의 차별이 줄어들고 있다고는 하지만, 여전히 그 격차는 존재한다. 권력형 괴롭힘, 성희롱, 성추행, 정신적 학대 등 여성들이 견디기 힘든 사회적 장애물은 너무나도 많다. 이런 의미에서도 여자가 남자에게만 의존하며 사는 시대는 지나갔다는 것을 알 수 있다.

현대 여성들이 떠안고 있는 문제점

그런데 불행히도 현실을 살펴보면 커다란 문제가 존재하는 것을 알게 된다. 얼핏 강하고 씩씩해 보이는 현대 여성들이지만 사실 이들의 속내는 옛날과 그렇게 크게 달라지지 않았다는 것이다.

나는 심리치료사로 일하며 지금까지 수많은 여성들의 고민과 속사정, 인생담을 공유해 왔다. 그러는 가운데 매우 걱정스러운 부분을 발견할 수 있었다.

현대 여성들의 마음속 깊은 곳에는 여전히 '남자가 행복하게 해줬으면 좋겠다'는 바람이 숨어 있다는 사실이다.

'여자의 행복은 남자 하기에 달렸다'고 착각하고 인생의 고삐를 너무나도 쉽게 남성에게 넘기는 일도 적지 않다. 남자의 사정이나 기분을 우선시하고 자신이 상처받는 것을 용서하는 여자, 혹은 경제력이 없다는 이유로 남편과 애인의 불륜, 폭력을 묵인하는 여자도 있다.

그러나 앞에서도 이야기했듯이 이제 여자가 정신적, 경제적으로 남자에게 기댈 수 있는 시대는 끝났다. 그렇다면 현대 여성들은 행복해지기 위해 어떻게 해야 할까?

바로 자신의 힘으로 행복해져야 한다.

이것이야말로 앞으로 우리 아이들이 살아갈 시대에 여자아이에게 가장 필요한 사고방식이다. 자신의 힘으로 행복해진다면 누군가에게 기댈 필요도 없고 배신당할 일도 없다. '남편'이라는 배를 타고 '인생'이라는 바다를 유유자적 항해하다가 도중에 암초에 부딪혀 좌초되거나 배에서 내릴 걱정도 없다.

그렇다. 여자도 자신의 배를 소유하고, 자기 뜻대로 인생을 항해하면 되는 것이다.

그런 인생은 누구를 위한 것인가?

•
•

오히려 여자이기에 인생의 주도권은 자기 자신이 쥐어야 한다. 여자아이에게 백마 탄 왕자를 기다리게 해서는 안 된다. 동화 속의 백마 탄 왕자는 현실에 존재하지 않을뿐더러, 설령 나타난다 해도 일시적인 환상에 불과하다는 것을 알아야 한다.

왕자가 나타나야 비로소 행복해질 수 있는 공주보다 자기 스스로 행복을 쟁취하기 위해 씩씩하게 말을 타고, 원하는 것을 손에 넣을 수 있는 여자로 키우고 싶지 않은가?

결혼을 할 것인가? 말 것인가?
출산을 할 것인가? 말 것인가?
이혼을 할 것인가? 말 것인가?

당신의 딸이 앞으로 닥쳐올 인생의 중요한 고비마다 자신이 아닌 타인의 형편이나 가치관에 휘둘려 선택하기를 바라는가? 분명 아닐 것이다. 스스로 책임감을 갖고 선택할 수 있는 여자가 되길 바랄 것이다.

누구를 위해서가 아니라, 주체적으로 자신의 인생을 씩씩하게 헤쳐 나갈 수 있는 여자아이로 키워야 하는 것이다.

행복한 여성들의 공통점

나는 지금까지 잠재의식을 다루는 심리치료사로서 수많은 여성들의 삶과 속사정을 깊게 들여다보며 관찰해 왔다. 그러면서 자타가 공인하는 행복한 여성들에게 몇 가지 공통점이 있다는 사실을 알게 되었다.

첫 번째는 심신이 건강하다는 점이다.

두 번째는 진심으로 사랑하는 존재가 있고, 자신 또한 진심으로 사랑받는 존재라고 생각한다는 점이다.

세 번째는 부모와 남편, 자녀에게 경제적, 정신적으로 의존하지 않고 자신의 인생을 스스로 책임질 수 있는 능력과 각오를 지니고 있다는 점이다.

네 번째는 유머 감각이 풍부하고 삶의 보람을 느낄 수 있는 직업과 취미, 라이프 워크 등이 있다는 점이다.

이런 여성들 중에는 기혼 여성도 있고 독신 여성도 있다. 또한 자녀가 있는 여성도 있고 없는 여성도 있다.

저마다 놓인 상황은 다르지만 그녀들에게서 발견된 공통점은 여자로서의 상냥함과 따스함을 지니고 있고, 온전히 자신의 힘으로 인생을 헤쳐 나가고 있다는 점이다.

여자아이를 둔 부모라면 자녀를 이런 여성으로 키울 수 있기를 간절히 소망한다.

여자아이의
일곱 가지 '행복의 씨앗'

여자아이를 행복한 인생으로 이끄는 '여권'

나는 여태까지 수많은 여성들의 삶에 깊이 관여하며 분석해온 경험을 바탕으로 앞으로 우리 아이들이 살아갈 시대에 여자아이를 행복으로 이끄는 일곱 가지 씨앗을 찾을 수 있었다.

행복의 씨앗 ① 경제력을 갖춘 여자가 되기 위한 씨앗

이는 '경제적 자립의 씨앗'이다. 여자아이가 인생의 주인공으로 자유롭게 살기 위해서는 반드시 경제력이 필요하다. 돈으로 행복을 살 수는 없지만, 불행을 피하고 자유를 살 수는 있다.

성공의 씨앗 ② 자신에게 상처 주지 않는 씨앗

아이가 자신의 몸과 마음을 지키고 소중히 여길 수 있는 것은 자기긍정성이 잘 형성됐기 때문이다. 여자아이가 행복한 인생을 사는 데 필요한 것이 바로 '자신에게 상처 주지 않는 씨앗'이다.

성공의 씨앗 ③ 선택받는 여자가 아닌, 선택하는 여자가 되는 씨앗

이는 '정신적 자립의 씨앗'이다. 부모와 남편, 자녀에게 의존하지 않고 자신의 인생을 스스로 선택함으로써 주변 사람들에게 휘둘리지 않는 여자가 될 수 있다.

성공의 씨앗 ④ 여자들의 전쟁터에서 살아남는 씨앗

여자아이가 겪게 되는 인간관계 중에서 가장 견디기 어려운 것이 동성 간의 세계다. 동성 간에는 세상의 이치나 도리가 통하지 않는 일도 비일비재하기에 여자아이에게는 '여자들의 전쟁터에서 잘 살아남는 씨앗'이 꼭 필요하다.

성공의 씨앗 ⑤ 유연하면서도 씩씩하게 인생을 개척하는 씨앗

권력형 괴롭힘, 성희롱, 정신적 폭력 등 여자아이의 인생에는 수많은 장애물이 존재한다. 인생의 모진 비바람과 폭풍우에도 꺾이지 않는 '유연하면서도 강인하게 살아갈 수 있는 씨앗'은 여자아이를 보호하고 지켜준다.

성공의 씨앗 ⑥ 이상적인 파트너를 끌어당기는 씨앗

여자아이는 자신의 잠재의식에 심긴 씨앗대로 이성을 끌어당긴다. 그래서 '평등하게 서로를 지지하고 감동을 공유할 수 있는 남성을 끌어당기는 씨앗'을 심어주어야 한다.

성공의 씨앗 ⑦ 반드시 행복해지는 씨앗

'누가 뭐래도 딸이 행복했으면 좋겠다'는 부모의 바람을 가장 확실하게 이뤄주는 것이 바로 '반드시 행복해지는 씨앗'이다.

이처럼 일곱 가지 '행복의 씨앗'은 여자아이를 최고의 행복으로 이끄는 '여권'과도 같다. 딸을 둔 부모라면 반드시 자녀의 잠재의식에 슬며시 '행복의 씨앗'을 심어주어야 한다.

'불행의 씨앗'을
'행복의 씨앗'으로 바꿔라

자극하는 방법을 바꾸는 것만으로 상황이 호전된다

지금까지는 자녀의 잠재의식을 자극하는 것이 얼마나 효과적인지, 그리고 이때 '행복의 씨앗'을 심어주는 것이 얼마나 좋은지에 대해서 이야기했다. 그런데 부모라는 존재는 무의식적으로 자녀에게 '불행의 씨앗'을 심기도 한다.

여기서는 부모가 자녀에게 '불행의 씨앗'을 심었다는 사실을 깨닫고 새롭게 '행복의 씨앗'을 심었더니 어떤 변화가 생겼는지, 내가 받은 '기쁨의 후기'를 일부 소개하겠다.

▶ 무심코 '빨리 해', '꼼꼼히 해', '노력해'라고 했던 잔소리가 생각

났습니다. 이런 말들이 딸을 궁지로 몰아넣었다니…. 선생님께 상담을 받은 다음부터 잔소리를 멈추고 그저 딸을 멀찍이서 바라보기만 했어요. 그랬더니 아이가 자발적으로 숙제도 하고 피아노 연습도 하더군요. 너무 깜짝 놀랐습니다! (초5 여자아이의 어머니, 38세)

▶ 딸이 행복하길 바라며 피아노, 수영, 영어, 발레를 배우게 했어요. 그런데 사실은 모두 부모인 저의 만족을 위한 것이었음을 깨닫고 많이 후회했습니다. 그동안 다니던 학원을 정리하고 쉬게 했더니 원형 탈모와 손톱을 물어뜯는 버릇이 곧바로 호전되더군요. 앞으로는 딸이 원하는 발레 학원에만 보낼 생각입니다. (초4 여자아이의 어머니, 40세)

▶ 딸에게 '공부'하라고 잔소리만 했던 것 같아요. '다 너를 위해서야!'라고 했지만 실은 엄마인 저조차 뭘 위해 공부해야 하는지도 몰랐다니 참으로 부끄러웠습니다. 그리고 깊이 반성했습니다. 선생님의 조언대로 딸과 대화를 나누고서 깜짝 놀랐어요. 아이가 자발적으로 숙제를 하지 뭐예요? (초4 여자아이의 어머니, 38세)

▶ 저와 친정 엄마 사이의 관계가 저와 딸 사이의 관계에 나쁜 영향을 미치다니…. 세대 간의 연쇄라는 선생님의 조언에 뒤통수를 한대 맞은 것 같았습니다. 선생님을 만나지 못했다면 아직도 무슨

이유인지도 모른 채 고민만 했을 거예요. 진심으로 감사드립니다. (초5 여자아이의 어머니, 43세)

▶ 딸이 학교에 가지 않으면서 매일 피가 말랐습니다. 화도 내고 달래기도 하고 울기도 했죠. 엄마인 제가 너무나도 혼란스러웠어요. 그런데 선생님의 조언에 따라 딸의 잠재의식을 자극하는 메시지를 바꾸고 나니 딸의 얼굴에 서서히 여유가 보이더군요. 그리고 저도 '어떻게든 되겠지' 하고 어느 정도 마음을 내려놓기 시작했을 무렵부터 딸이 학교에 가게 되었답니다. 진심으로 감사드립니다! (초4 여자아이의 어머니, 39세)

▶ 작년까지 아이들을 위해서 '절대로 이혼은 하지 않겠다'고 억지를 부렸어요. 아이들 앞에서 저는 남편을 험담하고, 남편은 저를 험담하면서 말이죠. 그런데 이런 말들이 아이들의 잠재의식에 나쁜 영향을 미친다는 것을 알고 난 뒤 '진정한 행복이란 무엇일까?'라고 제 자신에게 물었죠. 지금은 비록 편모 가정이지만 저도 아이들도 예전보다 건강하고 즐겁게 생활하고 있습니다. (초5 여자아이의 어머니, 41세)

▶ 공부하지 않는 작은딸이 늘 걱정이었지만 성적이 좋은 큰딸이랑 비교하지 않으려고 애쓰고 있다고 생각했어요. 그런데 저도 모르

는 사이 큰딸에 비해 작은딸을 조심스럽게 대하고 있더라고요. 이런 행동이 오히려 저와 작은딸 사이에 거리를 만드는 원인이었습니다. (초6 여자아이의 어머니, 38세)

▶ 섭식 장애를 앓는 딸이 어떻게 하면 다시 음식을 먹을 수 있을까만 생각했어요. 정작 제가 고민했어야 하는 부분은 장애를 앓게 된 이유였는데 말이죠. 지금은 조금씩이지만 일반식을 먹는 날이 늘고 있어요. 선생님의 '자녀의 문제는 모두 부모가 원인이다'라는 조언의 의미를 알게 되었습니다. (중2 여자아이의 어머니, 45세)

이는 내가 받은 '기쁨의 후기'의 일부분에 지나지 않는다. 이를 통해서 부모가 보내는 메시지가 자녀의 심신에 얼마나 큰 영향을 미치는지 잘 알았으리라 생각한다. 나 또한 두 아이를 둔 엄마로서 아이의 잠재의식에 미치는 부모의 영향력을 처음 알았을 때 온몸이 부르르 떨릴 정도로 소름이 끼쳤다.

그러니 부디 자녀에게 '행복의 씨앗'을 많이 심어주는 부모가 되길 간절히 바란다.

자, 이제 당신 자녀의 차례다!

•
•

다음 장부터는 여자아이의 잠재의식에 슬며시 '행복의 씨앗'을 심는 방법을 다음과 같은 순서로 알기 쉽게 설명하려고 한다.

절대로 심어서는 안 되는 '불행의 씨앗'

→ 반드시 심어야 하는 '행복의 씨앗'

→ '행복의 씨앗'을 키우는 "만약에?"라는 질문

→ 사랑하는 자녀가 행복해지는 힌트

일단 부모의 어떤 말과 행동, 삶의 방식이 자녀의 인생에 나쁜 영향을 미치는 '불행의 씨앗'이 되는지 알아본다.

이 부분에서 예로 드는 '불행의 씨앗'은 자녀의 인생에 심각한 영향을 미칠 가능성이 있는 것들이다. 그리고 그런 '불행의 씨앗' 때문에 자녀가 어떻게 불행해지는지에 대해서도 언급할 것이다. 물론 모든 아이가 100퍼센트 그렇게 되는 것은 아니지만, 많든 적든 나쁜 영향을 받을 수 있다는 의미에서 꼼꼼히 읽어주길 바란다.

그 다음으로 부모의 어떤 말과 행동, 삶의 방식이 자녀의 인생을 환히 빛나게 하는 '행복의 씨앗'이 되는지에 대해서 알아본다.

그리고 '행복의 씨앗'을 키우는 "만약에?"라는 질문을 실었다. 즐거운 마음으로 자녀와 함께 답을 생각해 보길 바란다. "만약에?" 라는 질문에 답하는 것만으로도 아이의 잠재의식에 다양한 '행복의 씨앗'을 심을 수 있도록 설계했다.

어떤 답이든 상관없다. "만약에?"라는 질문에는 정답이 없다. 질문을 듣고 그 답을 상상하거나 생각해 보는 것 자체가 아이의 잠재의식을 자극하고 다양한 능력을 꽃피우게 하는 씨앗이 된다.

따라서 자녀가 어떤 대답을 내놓더라도 절대로 다그치거나 혼내거나 비웃지 말고 마음속 깊이 흥미를 갖고 들어줘야 한다.

무엇보다 부모와 자녀가 함께 즐기면서 답을 상상하고 생각해 보는 것이 중요하다.

실제로 이런 시간을 갖는 것만으로도 아이의 잠재의식에 '행복의 씨앗'을 심을 수 있는 것은 물론, 부모와 자식 간의 유대가 더욱 돈독해지기도 한다.

또한 각 장의 마지막에는 이 시대의 육아 맘, 육아 대디에게 보내는 메시지를 담았으니 꼭 참고해줬으면 좋겠다.

자, 그럼 준비가 되었는가? 이제 일곱 가지 '행복의 씨앗'을 구체적으로 살펴보도록 하자.

"

이제 여자가 남자의 경제력에 기대어 사는 시대는 끝났다.

맛있는 음식, 명품 가방, 세련된 옷, 멋진 집 등등

뭐든지 자기 힘으로 살 수 있는 여자가 더 멋지지 않은가?

그러기 위해서는 여자아이에게 자신의 몸과 마음을 자유롭게 해방시켜 줄

'경제력을 갖춘 여자가 되기 위한 씨앗'을 심어주어야 한다.

"

행복의 씨앗 1

여자아이의 잠재의식에 슬며시
'경제력을 갖춘 여자가 되기 위한 씨앗'을 심는다

절대로 심어서는 안 되는
'불행의 씨앗'

"이혼하고 싶지만 경제력이 없어서 그냥 참고 살아요."

"꿈을 이루고 싶지만 남편이 돈을 주지 않네요."

"좀 더 열심히 일하고 싶지만, 그러면 배우자 특별 공제를 받을 수 없게 돼요."

지금까지 이런 넋두리를 얼마나 많이 들었는지 모른다. 실제로 경제력이 없는 여자는 먹고살기 위해 남편 혹은 부모에게 의존할 수밖에 없다. 그런데 '어차피 나는 허울 좋은 가정부다'라는 생각과 함께 자기 인생을 주체적으로 살 기회를 놓치게 만드는 슬픈 '불행의 씨앗'은 어린 시절에 몰래 심긴다.

이런 '불행의 씨앗'에 어떤 것들이 있는지 자세히 살펴보도록 하자.

① 엄마가 '자식을 위해서'라며 일하지 않는다

마리코의 엄마는 친구인 리카의 엄마와 차를 마시면서 "남편이 조금만 더 많이 돈을 벌어오면 좋겠어. 가끔씩 나도 일을 해야 하나 싶은 생각이 들어"라고 말한다.

마리코의 엄마는 마리코가 태어났을 때 회사를 그만두었다. 리카의 엄마는 "그래도 남편이 일하는 동안 아이랑 함께 있을 수 있고 밖에 나가서 일하면 몸도 마음도 피곤할 텐데, 그보다 집에 있는 게 훨씬 낫지 않아? 돈이 없어도 편한 게 제일이야"라고 말한다.

→ 엄마가 '자식을 위해서'라며 일하지 않고 집안 형편을 남편의 경제력에만 의존하는 경우다. 이런 가정에서 자란 아이는 잠재의식에 '일하지 않는 것이 편하고 좋다. 남자는 밖에서 돈을 벌고 여자는 집에서 살림과 육아를 담당하면 된다'는 '불행의 씨앗'이 심긴다.

이런 경우 어른이 되어서 좋은 대학을 나오고 좋은 기업에 취직해도 결혼과 출산을 계기로 미련 없이 전업주부의 삶을 선택할 가능성이 높다. 그런데 부부 관계가 나빠지거나 경제적인 어려움을 겪게 되면 '자식을 위해서 일을 관뒀는데'라며 남편과 자녀에게 자신의 무능한 경제력을 책임 전가해 버리기 쉽다.

② 여자의 애교와 무능력함을 어필하도록 가르친다

유리카의 엄마는 항상 유리카에게 귀여운 옷과 리본을 사주며 "유리카는 엄마의 귀여운 인형이야"라고 말한다.

그리고 아빠는 "엄마도 유리카도 너무 예쁘다"라며 늘 머리를 쓰다듬어 준다. 유리카의 엄마는 집안일, 금전적인 문제 등 뭐든지 아빠에게 의존한다.

→ 아빠가 엄마의 애교를 칭찬하고 미성숙함, 무능력함을 그대로 받아들이거나, 부모가 딸이 예쁘다며 인형처럼 아무것도 시키지 않고 심지어 아무 생각도 하지 않는 것을 무의식적으로 기뻐하면 '여자는 생각을 할 필요가 없다. 아무것도 하지 않는 편이 남을 기쁘게 한다. 그래야 남이 뭐든지 다 알아서 해주니까 편하다'는 '불행의 씨앗'을 심게 된다.

이런 아이는 성인이 되어서도 문제 해결 능력과 자립심이 없어서 자신을 사랑해주고 돌봐줄 수 있는 남자를 찾으려고만 한다.

③ 자녀가 '갖고 싶다'고 말하기 전에 뭐든지 다 사준다

요리코는 원하는 것은 뭐든지 다 가질 수 있다. 왜냐하면 아빠, 엄마, 할머니, 할아버지 모두 요리코가 원하기만 하면 장난감, 게임기 등 갖고 싶은 것을 곧바로 사주기 때문이다.

→ 조부모를 포함해 가족 중 누군가가 아이가 갖고 싶어 하는 물건을 곧바로 사주거나 '갖고 싶다'고 말하기 전에 미리 사주면 '갖고 싶은 것은 노력 없이도 손에 넣을 수 있다. 그러니 힘들게 일할 필요가 전혀 없다'는 '불행의 씨앗'을 심게 된다.

이런 불행의 씨앗이 심긴 아이는 커서도 뭔가를 얻기 위해 노력하는 데 서투르고, 땀을 흘리며 열심히 일하지 못한다.

게다가 욕심도 없어서 약간의 스트레스나 피로가 쌓이면 곧바로 일을 관두거나 영원히 독립하지 못하고 부모에게 빌붙어 사는 경우도 많다.

④ 엄마가 아빠에게 돈이나 물건을 사달라고 조른다

도모미네 집에서는 아빠의 권력이 가장 크다. 그래서 엄마는 도모미의 일로 돈을 써야 할 때나 자신이 갖고 싶은 물건이 있을 때 "여보, 부탁이에요!"라고 애원하며 돈을 타서 쓴다.

→ 아빠가 경제권을 쥐고 있어서 엄마에게 실권이 전혀 없는 가정에서 자란 아이의 잠재의식에는 '여자는 남자에게 돈을 타서 써야 한다. 돈을 많이 타려면 남자의 기분을 맞춰주거나 기쁘게

해야 한다'는 '불행의 씨앗'이 자란다. 이런 아이는 커서 자신이 일하지 않아도 되는 경제력이 좋은 남자를 찾으려고 애쓴다.

그렇다면 이와 반대로 아빠가 엄마에게 집안 경제권을 일임하는 경우는 어떨까? 이 경우도 역시 마찬가지다. 엄마에게 용돈을 한 푼이라도 더 타려고 애쓰는 아빠의 모습을 보고 자란 아이에게는 '밖에서 일하는 남자보다 집에서 가사와 육아를 담당하는 여자가 더 대단하다'는 '불행의 씨앗'이 심기고 만다.

⑤ '여자'라는 이유로 성적에 기대도 안 하고 열심히 시키지도 않는다

"넌 남자니까 좀 더 열심히 공부해야 해!"

요시코의 오빠는 또 아빠에게 꾸지람을 들었다. 오빠는 요시코보다 공부를 훨씬 더 잘한다. 그런데 아빠는 요시코에게 "요시코는 여자니까 그렇게 잘할 필요가 없어. 선머슴 같은 여자가 되면 곤란하니까"라고 말한다. 지금까지 요시코는 공부 때문에 혼난 적이 단 한 번도 없다.

→ "여자는 그렇게 공부를 잘할 필요가 없단다."

"공부벌레 같이 공부만 하는 여자는 별로야."

"여자가 너무 잘나면 남자들이 싫어해."

부모가 하는 이런 말 때문에 여자아이가 공부를 싫어하면 '유능한 여자는 사람들의 미움을 산다. 똑똑한 여자는 행복해질 수 없다'는 '불행의 씨앗'이 심긴다.

이런 아이는 당연히 취업에 유리한 학교에 진학하기 힘들고, 자격증을 취득하기도 힘들어 결과적으로 수입이 적은 직장에 들어갈 수밖에 없다. 또는 사회생활도 해보지 않고 무작정 '결혼'이라는 영원한 직장을 찾거나 '여자'라는 것을 무기로 삼는 직업을 택하기도 한다.

⑥ 집안일을 딸에게만 돕게 한다

가오리네 집에서 요리, 빨래, 청소 등을 돕는 것은 언제나 가오리의 몫이다. 오빠와 남동생은 절대로 집안일을 하지 않는다.

"아, 짜증 나. 왜 만날 나만 해!"

가오리가 이렇게 불평하면 엄마는 "여자애가 커서 나중에 집안일을 못하면 안 돼. 그래서 시키는 거야"라고 말한다.

→ '여자'라는 이유로 딸에게만 집안일을 돕게 하면 '가사는 여자의 몫이다. 살림을 못하면 인정받지 못한다'는 '불행의 씨앗'이 심긴다.

이런 아이는 커서 살림을 잘하는 것에 자부심을 갖거나 또는 살림을 못하는 것에 열등감을 느끼기도 한다. 맞벌이의 경우 자신이 가사와 육아를 잘하지 못하면 자책감과 불안감에 휩싸여 직장에서도 자신의 능력을 제대로 발휘하지 못할 수도 있다.

⑦ 결혼과 출산의 좋은 점만 강조한다

미카의 꿈은 '예쁜 아내가 되어서 사랑스러운 아이를 낳는 것'이다. 미카네 거실에는 아빠와 엄마의 결혼사진이 걸려 있다. 사진 속 엄마의 모습은 너무나도 예쁘다.

→ 부모가 딸에게 왕자와 공주가 나오는 동화만 들려주거나 결혼과 출산의 이상적인 면만을 말해주면 아이의 잠재의식에는 '결혼은 인생 최고의 목표다. 왕자와 결혼하면 행복하게 살 수 있고 사랑스러운 아이도 낳을 수 있다'고 착각하게 만드는 '불행의 씨앗'이 심긴다.

이런 아이는 커서 동화 속 왕자와 만나기 위해서 헤어스타일이나 패션 등 외모에만 집착하는 여자가 되기 쉽다. 또는 순조롭게 결혼에 골인했더라도 결혼 후의 녹록치 않은 현실과 마주하고 환멸을 느끼는 등 이상과 현실 사이의 격차로 괴로워할 수도 있다.

스스로 돈을 벌지 못하는 '불행의 씨앗'은 여자아이를 남자에게 의존하는 여자, 남자의 기분을 맞추려고 애쓰는 여자, 영원히 독립하지 못하고 부모에게 얹혀사는 캥거루족(나이가 들어서도 부모에게 기대어 사는 사람들을 지칭하는 용어)으로 만들 수 있다.

이런 여성들에게 남편은 어떤 의미에서 새로 맞이한 부모나 마찬가지의 의미인데, 사실 자신을 낳아준 부모가 아니기에 이런 관계는 매우 불안정할 수밖에 없다. 결국 여자가 돈을 벌지 못한다는 것은 인생의 가능성과 선택지를 갖지 못하는 것과 같다.

일곱 가지 '경제력을 갖춘 여자가 되기 위한 씨앗'

옛날에는 경제력이 있는 남자와 결혼해서 전업주부로 사는 것이 여자의 가장 큰 행복이었다. 그런데 지금은 자신이 벌어오는 돈으로 가족을 부양할 수 있는 남자가 점차 줄어들고 있다. 20여 년 후에는 그 비율이 5~10퍼센트에 불과할 것으로 예측될 정도다. 또한 이혼율도 점차 높아져 지금은 결혼한 부부 3쌍 중 1쌍이 갈라서고 있다.

이제 여성이 남성에게 의존하며 살 수 있는 시대는 끝났다는 의미다. 따라서 앞으로 여성에게 반드시 필요한 능력이 바로 '스스로 돈을 벌 수 있는 경제력'이다.

① 엄마가 경제적으로 자립한다

자녀는 자신의 미래를 그릴 때 부모 중 동성을 모델로 삼는다. 여자아이의 경우 엄마의 삶이 본보기가 된다는 뜻이다. 따라서 열심히 일해서 돈을 벌고 경제적으로 자립한 엄마의 모습을 보고 자란 아이는 잠재의식에 '여자도 열심히 일하고 자유롭고 즐겁게 살아야 한다'는 '행복의 씨앗'이 자란다.

최근 들어 '육아 대디(육아하는 아빠)'가 늘고 있기는 하나, 가사와 육아는 '아내가 남편에게 도움을 받는 것' 혹은 '남편이 아내를 돕는 것'이라는 잘못된 가치관은 여전하다. 그러나 맞벌이의 경우 부부가 가사와 육아를 반반씩 나눠서 하는 것이 맞다. 가사와 육아는 아빠의 의무이기도 하니까.

그러니 맞벌이 엄마들이여, 집안일의 절반을 남편에게 맡기고 (혹은 가사 도우미를 쓰거나) 자녀와의 시간을 즐기길 바란다. 딸에게 엄마가 행복하고 씩씩하게 사는 모습을 보여주는 것이 훨씬 더 의미 있는 일이다.

② 가능하면 고학력자로 만든다

여자아이를 고학력자로 만드는 것은 매우 중요하다. 일본에서도 편차치(偏差値)를 개혁해야 한다며 말이 많지만, 여전히 누가 뭐래도 고학력자가 높은 연봉을 받고 출세하기 쉬운 것이 현실이다. 또한 남녀고용평등법이 있으니 남녀가 평등하다고 생각할지 모르지만, 이 또한 현실과 다르다.

실제로 모든 분야에서 여성이 압도적으로 불리하다. 그렇기에 고학력자가 되어야 한다. 동일하게 약학부, 이공학부를 졸업했어도 상위권 대학(편차치 65)을 나온 사람과 하위권 대학(편차치 45)을 나온 사람의 미래는 다르다. 그러니 여자아이에게 공부를 착실하게 시켜야 한다. 이는 틀림없이 자녀의 미래에 '행복의 씨앗'이 될 것이다.

단, 한 가지 주의해야 할 점이 있다. 바로 '여자'라는 이유로 유치원이나 초등학교 입시 공부를 시켜서 유명 여자학교나 사립학교에 보내는 것은 생각해 볼 문제라는 점이다. 왜냐하면 유명 사립 초등학교에 들어간다 해도 그 후에 아이의 성적이 지속적으로 상위권에 머물 거라고 기대하기 어렵기 때문이다. 실제로 부모가 관여한 입학시험을 통해서 들어온 내부생의 학력은 외부생(고등학교나 대학교 수험을 통해서 입학한 학생)에 비해 낮다고 한다.

따라서 여자아이에게 고등학교, 대학교 입시를 목표로 공부를 시키는 것이 좋다. 미래에 열심히 일하며 스스로 돈을 벌 수 있는 여성에게 경쟁의식도 필요한 법이니까.

③ 평생 먹고살 수 있는 직업을 갖게 하고 전문 자격증을 따게 한다

여자아이에게 전문 자격증을 따게 하는 등 평생 먹고살 수 있는 직업을 갖도록 해야 한다. 그러기 위해서는 자녀와 함께 다양한 직업에 관한 이야기를 나누면 좋다. 우리들 주변에 어떤 직업이 있는지, 그 직업에 종사하는 사람들은 어떤 생활을 하는지 등에 대해서 말이다.

또한 부모가 살면서 느낀 후회나 주변 친구들의 경험, 책 주인공의 이야기 등을 들려주는 것도 효과적이다. 즉, 딸과 함께 서로의 의견을 나눔으로써 '공부하는 목적'을 가르치는 것이다. 이렇게 하면 '지금 열심히 공부하고 노력해서 좋은 대학에 들어가 자격증을 따는 것은 장래를 생각했을 때에 의미가 크다'는 '행복의 씨앗'을 심을 수 있다.

④ 부모에게 사달라고 조르는 불편함을 알게 한다

뭐든지 쉽게 손에 넣을 수 있는 아이는 장래에 일을 하거나 돈을 벌고 싶다는 생각을 크게 하지 못한다. 그렇다고 다른 아이들이

당연히 갖고 있는 장난감이나 학용품 등을 사주지 않으면 마음의
여유가 사라지고 예민해질 수 있으니 조심해야 한다.

중요한 것은 아이에게 적당한 선에서 참는 법을 가르치는 것이
다. 가령 갖고 싶은 것이 있어도 참을 줄 알아야 한다고 가르칠 때
나 양을 제한할 때는 "어른이 되면 네가 원하는 만큼 살 수 있다"
고 말해주는 것이다.

그러면 아이는 '어른이 되면 자신이 좋아하는 만큼 살 수 있다',
'어른이 되면 자유롭게 갖고 싶은 물건을 사고 싶다'는 생각을 하게
되고, 이런 생각은 아이의 잠재의식에 '행복의 씨앗'으로 자란다.

⑤ 높은 곳을 바라보는 야심을 키워준다

여자아이라는 이유로 경쟁의식을 갖지 못하게 하는 것은 좋지
않다. 사회적으로 성공한 여성들의 대부분은 남에게 지기 싫어하
는 성격의 소유자다. 그러므로 만일 자녀가 어떤 일로 분해하거나
안타까워할 때는 "아깝고 분하지? 그럼 다음에 어떻게 하면 좋을
지 같이 생각해 보자"라고 말해주자.

그러면 '남과 경쟁해서 이기는 것은 좋은 일이다. 노력해서 더
높은 곳을 목표로 삼자'는 '행복의 씨앗'을 심을 수 있다.

⑥ 돈이 있을 때의 장점과 돈이 없을 때의 단점을 가르친다

자녀에게 돈이 있을 때의 장점을 어느 정도는 알려줘야 한다.

'돈은 더러운 것이다', '돈이 많으면 불행하다'와 같은 그릇된 생각을 아이의 잠재의식에 심어서는 안 된다. 부모의 가치관이 그러면 자연스럽게 아이 역시 '돈을 많이 갖고 있는 것은 위험하다'고 생각하게 된다. 따라서 아이에게 돈은 필요한 것이고, 돈이 있어야 다양한 것을 손에 넣을 수 있다는 점을 가르쳐 주자.

내 경우에는 딸이 초등학생이었을 때 매주 일요일 오후에 방송되던 다큐멘터리를 함께 시청했다. 다양한 사람들의 삶의 모습을 촬영한 것이었는데, 이 프로그램을 보면서 딸과 함께 웃거나 울면서 "저 사람도 월급이 조금만 더 나왔더라면 자식들과 잘 살았을 텐데", "그때 왜 좀 더 좋은 직장에 취직하지 않았을까?" 같은 느낀 점을 서로 말하곤 했다. 그런데 이것이 의외로 효과적이었다. 딸에게 인생의 혹독함과 돈의 소중함을 가르치는 '행복의 씨앗'이 된 것이다. 그러니 자녀에게 돈이 있을 때의 장점과 돈이 없을 때의 단점을 꼭 일러주도록 하자.

⑦ 경제력을 갖춘 여자가 되기 위한 '말의 씨앗'

일상에서 주고받는 대화를 통해서 여자아이의 잠재의식에 슬며시 '경제력을 갖춘 여자가 되기 위한 씨앗'을 심는다. 다음과 같은 말들이다.

"역시 일하는 여자는 멋져!"

"누가 뭐래도 돈이 없으면 가족을 지킬 수 없단다."
"엄마도 조금만 더 열심히 공부해서 변호사 자격증을 땄으면 좋았을 텐데. 참 아쉬워."

스스로 돈을 벌 수 없는 것은 인생이라는 바다를 항해하기 위한 배가 없는 것과 같다. 목적지가 어딘지도 모를 누군가의 배를 얻어 타고 가다가 도중에 내려야 한다면 이 얼마나 서글픈 일인가?

스스로 돈을 벌 수 있는 여자는 자신의 인생을 자신의 힘으로 개척할 수 있다.

반대로 말하자면 돈 때문에 자신의 몸과 마음, 시간을 구속하지 않아도 된다는 뜻이다. 그러니 여자아이를 둔 이 세상의 엄마, 아빠들이여. 부디 딸에게 생선을 던져줄 것이 아니라, 생선을 낚는 법을 가르쳐주자.

'경제력을 갖춘 여자가 되기 위한 씨앗'을 기르는
"만약에?"라는 질문

"만약에?"로 시작하는 질문은 아이의 잠재의식을 자극할 수 있다. 또한 부모와 자식이 이런저런 대화를 나눔으로써 유대감이 깊어진다.

자, "만약에?"라는 질문을 통해서 여자아이의 잠재의식에 슬며시 '경제력을 갖춘 여자가 되기 위한 씨앗'을 심어보자.

1. 마흔 살이 된 당신은 매우 가난하다. 만약에 과거로 딱 한 번만 되돌아갈 수 있다면 몇 살 때로 돌아가겠는가? 그리고 무엇을 하겠는가?

2. 만약에 돈이 없어서 병든 자녀를 위해
약을 살 수 없는 엄마가 약국에서 비
싼 약을 훔치는 것을 목격했다면 당신
은 어떻게 하겠는가? 경찰에게 신고
하겠는가?

1. 마흔 살이 된 당신은 매우 가난하다. 만약에 과거로 딱 한 번만 되돌아갈 수 있다면 몇 살 때로 돌아가겠는가? 그리고 무엇을 하겠는가?

이 질문에는 미래의 비참한 모습을 상상해 봄으로써 '그렇게 되고 싶지 않다는 생각'과 '그렇게 된 원인을 따져보게 하는 의도'가 숨어 있다. 또한 '인생에서 돈을 벌려면 무엇이 필요한지'를 생각하게 함으로써 '행복의 씨앗'을 심어줄 수 있다.

만일 자녀가 "서른아홉 살로 돌아가서 일을 할래요"라고 대답한다면 "아마 서른아홉 살에도 가난하지 않았을까?"라며 농담을 섞어가면서 실상을 말해준다. 또는 "엄마라면 중학교 1학년 때로 돌아가서 열심히 공부할래. 그래서 의사가 될 거야" 같은 신중하게 생각하고 내린 답을 말해주면 좋다. 이때 내놓은 부모의 답은 자녀에게 '행복의 씨앗'이 된다.

2. 만약에 돈이 없어서 병든 자녀를 위해 약을 살 수 없는 엄마가 약국에서 비싼 약을 훔치는 것을 목격했다면 당신은 어떻게 하겠는가? 경찰에게 신고하겠는가?

어른도 답하기 어려운 질문이다. 사실 이 질문에는 정답이 없다. 만일 자녀가 "경찰에 신고하지 않겠다"고 말하더라도 혼내거나 설교를 늘어놓아서는 안 된다. 또한 "경찰에 신고하겠다"고 말했을 때도 마찬가지다. 자녀가 어떤 선택을 내렸든 "그래? 이유가 뭐야?"라며 흥미롭게 그 이유를 듣는 자세가 필요하다. 이 질문은 돈이 없을 때의 슬픈 상황, 정의와 도덕, 배려의 의미를 되새기게 한다.

부모도 자녀와 함께 병이 든 불쌍한 아이와 약을 훔칠 수밖에 없었던 엄마의 속사정을 생각해 보고 서로의 의견을 나누는 것이다. 이런 대화의 시간 자체가 돈의 소중함과 부모의 애정, 혹독한 현실 등을 가르치는 '행복의 씨앗'이 된다.

엄마가 딸에게 미치는 영향은
상상 그 이상이다

우리 엄마는 밝고 명랑한 성격에 얼굴까지 예뻤지만 스스로 돈을 벌 능력이 없었다. 우리 윗세대 여성들은 '좋은 남편을 만나서 현모양처가 되는 것이 제일'이라고 교육받았기에 경제적 자립의 소중함을 생각해 본 적이 없었다. 게다가 엄마는 자매 중 막내라서 집에서 귀여움을 독차지하며 자랐다.

그런 탓일까? '여자는 젊고 애교가 많으며 예뻐야 그만큼 가치가 있다. 가능하면 기댈 수 있는 남자에게 보살핌을 받자'는 씨앗이 잠재의식 속에 심긴 모양이었다.

그래서 갓 태어난 나를 보고 엄마는 인물이 없어서 조금은 실망했던 것 같다. 반면에 네 살 어린 여동생은 어렸을 때부터 인형처럼 예뻐서 항상 엄마의 자랑거리였다. 엄마는 내게 남들보다 뭐든지 잘해야 한다고 은근히 강요했고, 그 탓에 내 잠재의식에는 '여자는 붙임성이 좋고 예뻐야 한다'는 씨앗이 아니라, '부모를 기쁘게 하는 유능함의 씨앗'이 심겼던 것 같다. 실제로 나는 노력가가 되었지만 부모를 기쁘게 해야 한다는 씨앗 때문에 인생 중반까지 꽤 고생하며 지냈다. 한편 여동생은 중년이 된 지금도 '젊고 예쁜 것'에 집착한다.

딸이면서 동시에 엄마인 나이기에 갈수록 엄마가 딸에게 미치는 영향이 상당히 크다는 사실을 통감하고 있다. 내 딸에게도 '나도 참 많은 불행의 씨앗을 심었구나' 반성을 하면서, 한편으로 '경제력을 갖춘 여자가 되기 위한 씨앗만큼은 그래도 잘 심었다'며 내심 안심하고 있다.

나는 어렸을 때부터 딸에게 '어른이 되면 뭐 해서 먹고살 거야?'라는 질문을 종종 했다. 딸은 그때마다 '꽃집', '가수', '빵집', '장난감 가게' 등 목표가 자주 바뀌기는 했지만 초등학교 3학년 때 처음 꺼낸 '의사'라는 직업은 단 한 번도 변한 적이 없다. 그리고 실제로 딸은 의사가 되었다.

솔직히 나 자신이 암시를 통해서 잠재의식을 자극하는 심리치료사이기에 딸에게 '의사가 되라는 암시를 주입한 것은 아닌가?' 하는 불안이 늘 마음 한구석에 있었다. 그래서 의대생이 된 딸에게 이렇게 털어놓은 적이 있었다.

"엄마가 엄마도 모르는 사이에 너에게 의사가 되라고 암시를 주입한 것 같아. 만일 그렇다면 언제든 의대를 관두고 다른 공부를 해도 괜찮아."

그러자 딸은 "맞아 엄마! 그럴지도 몰라. 그런데 지금까지 열심히 노력한 건 내 능력이었고, 역시 난 의사가 되어서 다른 사람들을 돕고 싶어"라고 대답했다.

그제야 나는 안도의 한숨을 내쉴 수 있었다. 하지만 그로부터 몇 년 후, 수련의 과정을 밟던 딸이 너무나도 힘든 생활에 지쳐 "도대체 내가 왜 의사가 되겠다고 한 거지?"라며 짜증을 냈을 때는 엄마로서 왠지 모를 자책감에 괴로웠다. 그런데 또 몇 년이 지나 병원에서 일을 마치고 돌아온 딸이 차근차근 이렇게 말하는 것이었다.

"엄마, 나 오늘 새삼 의사가 되길 잘했다는 생각이 들었어. 아까 백화점 지하 매장에서 점심을 사먹는데 '내가 돈을 잘 버니까 이렇게 점심부터 비싼 초밥을 마음껏 먹을 수 있구나. 그래 매일 비싼 초밥을 먹을 수 있어' 하는 생각이 들었거든. 물론 환자들의 웃는 얼굴을 볼 수 있는 직업이라서 그게 제일 행복하지만."

어찌 보면 시시껄렁한 이야기지만 딸이 행복해하는 모습을 보고 '그래 정말 열심히 노력했지, 우리 딸!' 하는 생각에 눈물이 찔끔 나올 뻔했다.

"

실속 없는 말이나 이상론만 따지고 있어서는 행복해질 수 없다.

우리의 삶의 과정에는 여자아이의 몸과 마음에

상처를 주는 유혹과 함정이 너무나도 많다.

또한 스스로 자신에게 상처를 주는 위험도 도사리고 있다.

따라서 여자아이의 잠재의식에 자신의 몸과 마음을 지키고

밝은 미래로 나아갈 수 있는 자신을 소중히 여기는 '행복의 씨앗'을 심어주어야 한다.

이것이 바로 여자아이에게 '자신에게 상처 주지 않는 씨앗'을 심어야 하는 이유다.

"

행복의 씨앗 2

여자아이의 잠재의식에 슬며시
'자신에게 상처 주지 않는 씨앗'을 심는다

절대로 심어서는 안 되는
'불행의 씨앗'

여자아이의 잠재의식에 자신에게 상처 주는 '불행의 씨앗'이 심기면 '나는 가치 없는 존재다. 나는 남들이 소중히 대할 만한 인간이 아니다'라는 착각을 일으키게 된다. 자신이 상처 입는 것을 당연하다고 생각하거나 스스로 자신의 몸과 마음에 상처를 주기도 한다. 그렇다면 여자아이에게 상처 주는 '불행의 씨앗'은 어떻게 심기는지, 자세히 살펴보도록 하자.

① 엄마가 은연중에 '낳지 말아야 했는데'라고 자기 생각을 드러낸다

사에코의 엄마는 젊고 예쁘다. 사에코는 그런 엄마가 자랑스럽다. 하지만 사에코의 엄마는 집을 자주 비운다. 아빠가 없는 사에코는 남동생을 돌보며 엄마가 올 때까지 집을 지킨다.

또한 사에코의 엄마는 자주 전화통을 붙잡고 친구들에게 "그때 임신만 안 했어도 지금쯤…"이라며 푸념을 늘어놓다.

→ 자녀에게 엄마는 세상에서 가장 사랑하는 존재다. 그래서 자신이 엄마의 행복을 방해하는 사람이라고 느끼면 잠재의식에 '나만 없으면 엄마는 행복할 것이다'라는 '불행의 씨앗'이 자라고 만다.

이런 아이는 사춘기를 거쳐 어른이 되어도 자기긍정성이 부족한 여자가 된다. '나는 가치 없는 존재다. 나 같은 건 사라져야 한다', '태어나지 말았어야 했는데'라며 자책하기도 한다. 이런 '불행의 씨앗'은 자상 행위, 섭식 장애, 중절, 의존증 등 심각한 문제로 발전해 여자아이의 인생을 망칠 수도 있다.

② 부모가 자기희생적인 삶을 산다

사치요의 엄마는 "사치요를 위해서라면 엄마는 뭐든지 이겨낼 수 있어"라고 말한다. 그런데 안타깝게도 사치요의 아빠는 엄마 말고 다른 여자를 사랑한다. 그래서 엄마는 아빠에게 화를 내며 울면서도 '아이를 위해서 이혼만은 절대 할 수 없다'며 꾹 참는다.

→ 정신적, 경제적으로 자립하지 못하는 엄마들이 '아이를 위해서 이혼하지 않는다. 일하지 않는다'라며 자녀를 위해서 자신의

삶을 희생하는 삶의 방식을 택한다.

이런 경우 아이의 잠재의식에는 '여자는 아이를 낳으면 불행해진다. 나는 엄마를 불행하게 만들고 있다. 내 인생을 바쳐서 은혜를 갚아야 한다'라는 '불행의 씨앗'이 자란다.

이런 아이는 어른이 되어서 결혼과 출산에 대한 부정적인 생각을 갖게 될 가능성이 높다. 또한 무의식적으로 돌봐줄 필요가 있는 남자를 선택해 스스로 불행해지는 삶을 살거나, 타인을 우선시하고 자신을 뒤로 미루는 삶을 자처하기도 한다.

③ 부모가 자신의 욕구만 우선시한다

레이나의 엄마는 항상 빛이 난다. 학교에서 돌아온 레이나를 학원으로 돌리고, 자신은 자격증 공부를 하거나 친구들과 식사하러 나가는 등 매일 외출을 한다. 그래서 레이나는 자주 할머니 집에 맡겨진다.

→ 부모가 부모로서의 역할을 다하지 못하고 자녀를 외롭게 하면 '나는 인생의 주인공이 아니다. 중요한 존재가 아니다'라는 '불행의 씨앗'을 심게 된다.

이런 아이는 어른이 되어서도 자신감이 없고 남을 돋보이게 하는 조연 역할만 할 가능성이 높다. 또한 자신이 진정으로 하고 싶은 일이나 갖고 싶은 것이 뭔지도 모르고, 경우에 따라서는 가정을 꾸리고 부모가 되었어도 자녀를 어떻게 사랑해야 하는지조차 모르기도 한다.

④ 부모가 의존증을 앓는다

미유키의 엄마는 항상 저녁을 차리며 술을 마신다. 그러다 술에 취하면 화를 내거나 울기까지 한다. 심지어 "왜 이렇게 힘든 거야! 더 이상 못 해 먹겠어!"라며 미유키에게 불평을 늘어놓기도 한다. 미유키는 엄마의 술주정이 끝나거나 잠들 때까지 잠을 잘 수 없다.

→ 부모가 술이나 약물, 쇼핑, 애인, 도박, 음식 등에 의존적인 모습을 보이면 자녀의 잠재의식에 '술이나 애인 등의 자극을 통해서 싫은 일이나 고민거리를 잊으면 된다'는 '불행'의 씨앗'이 심긴다.

이런 아이는 커서 상당히 높은 확률로 부모와 똑같은 의존증을 앓게 될 가능성이 높다.

마유의 엄마는 아빠와 싸우면 항상 "마유야, 글쎄 아빠가 다른 여자랑 바람이 났단다. 그때 아빠랑 결혼하지 말았어야 했는데…. 네 아빠 참 나쁜 사람이야"라고 울면서 넋두리를 한다. 그러면 마유는 "맞아요. 엄마라면 훨씬 더 멋진 사람과 결혼할 수 있었는데. 아빠는 참 나빠요"라며 엄마를 위로한다.

→ 엄마가 자신의 고민거리나 남편과의 관계에 대해서 딸에게 상담을 하면, 아이의 잠재의식에 '엄마에게 도움이 되는 필요한 존재가 되어야 한다'는 '불행의 씨앗'을 심게 된다.

부모 사이가 좋지 않다는 것을 알면, 아이는 자신의 존재 의미에 대해 불안을 느낀다. 부모 중 어느 한쪽이 바람을 피운 경우는 더욱 심하다. 자녀는 '어떡하든 자신의 존재 의미를 느끼고 싶다'는 생각에 필사적으로 엄마나 아빠를 위로하려고 노력한다.

이런 아이는 훗날 어른이 되어서 정작 본인의 인생이 일그러지더라도 일단 그 문제는 덮어두고 고민상담사나 심리치료사가 되어 다른 사람을 돕는 것에서 자신의 존재 의미를 확인하려 할 수도 있다. 또한 남을 신용하지 못하거나 마음속 깊이 사랑하지 못하기도 한다.

유나의 아빠는 항상 엄마에게 불같이 화를 내고 심지어 때리기까지 한다. 때로는 유나와 오빠에게도 손찌검을 한다. 그럴 때마다 유나의 엄마는 한없이 슬픈 표정을 짓는다.

→ 아빠가 엄마와 자녀들에게 폭언과 폭력을 휘두르고 엄마가 아무런 대처도 하지 못한 채 묵인하고 방치하면 '남자는 무섭고 강한 존재다. 여자는 약하다. 상처받고 있는 자신은 하잘 것 없는 존재다'라는 '불행의 씨앗'을 심게 된다.

이런 환경에서 자란 여자아이는 어른이 되어서 남성을 불신하거나, 머리로는 '자상하고 대등한 관계를 맺을 수 있는 남자가 좋다'고 생각하지만 여자에게 폭언과 폭력을 휘두르는 아빠와 같은 남성에게 무의식적으로 매력을 느끼고 가정폭력의 피해자가 되기도 한다. 또한 카사노바처럼 바람기가 다분하거나 도박벽이 있는 남자에게 상처받는 일도 잦다.

⑦ 엄마가 자녀를 과잉보호하거나 방임한다

사와코의 엄마는 항상 사와코를 걱정한다. 음식부터 옷, 공부, 교우 관계, 학원, 장래의 일을 비롯해 학교에서 사와코가 힘든 일을 당하거나 실수하지 않도록 항상 주의를 살피고 관찰한다.

한편 요코의 엄마는 몸이 허약한 오빠를 돌보느라 요코를 방치하며 키운다.

→ 부모의 과잉보호나 과잉간섭은 자녀에게 '나는 뭐든지 스스로 생각할 필요가 없다. 어린아이처럼 행동하는 편이 부모에게

사랑받는다. 가능하면 어른이 되지 말자'는 '불행의 씨앗'을 심는다.

이런 아이는 커서 문제 해결 능력이 떨어지거나 정신적, 경제적으로 자립하지 못하는 여자가 될 가능성이 높다. 또한 어른이 되는 것을 두려워하는 잠재의식이 생겨 사춘기에 접어들어 2차 성징(여성적인 변화)이 나타나기 시작하면 다이어트, 과식, 음식 거부 등의 문제가 발생하기도 한다.

반대로 엄마가 너무 방임주의인 경우에는 아이의 잠재의식에 '나는 누군가가 관심을 가져줄 만한 가치 있는 존재가 아니다. 차라리 사라지는 편이 낫다'는 '불행의 씨앗'이 심긴다.

이런 아이는 과잉보호되는 경우와 마찬가지로 음식을 거부하거나 과식하거나 리스트컷(손목을 긋는 행동) 등의 자해 행위로 자신에게 상처 주는 어른이 될 위험성이 높다. 또는 자신의 존재 이유를 증명하기 위해서 '누군가에게 도움이 된다면 힘들어도 함께 살아도 좋다'며 희생적인 삶을 선택하기도 한다.

이 두 가지 타입의 공통점은 자신의 감정에 둔감해 '자신의 진정한 욕구'가 뭔지 모른다는 것이다.

남자아이에 비해 여자아이는 공감 능력이 뛰어나 어렸을 때부터 가족 간의 상담, 보살핌, 완충재 등 다양한 역할을 강요받는다. 이런 환경 속에서 앞에서 언급했던 불균형적이면서 불건전한 메시지를 받으면 그것이 '불행의 씨앗'이 되어 여자아이의 인생을 서서히 갉아먹는다.

자신에게 상처를 주는 '불행의 씨앗'이 심긴 아이는 무의식중에 자신의 몸과 마음에 상처를 내고 남에게 상처 주는 행동도 서슴지 않는다. 예를 들어 손목을 긋거나 섭식 장애, 의존증 등 심각한 문제가 발생하거나 최악의 경우에는 자살, 죽음에 이르는 병에 걸리기도 한다.

일곱 가지
'자신에게 상처 주지 않는 씨앗'

남자아이에 비해 여자아이는 어른이 되어서 사회생활을 시작했을 때 권력형 괴롭힘, 성차별, 성희롱 등을 당하기 쉽고, 이로 말미암아 상처받는 경우가 많다.

더 큰 문제는 잠재의식 속에 '불행의 씨앗'이 심긴 여자아이는 자기긍정성이 낮아 폭력과 폭언, 차별 등을 쉽게 묵인한다는 점이다. 또한 자신의 존재 의미를 느끼지 못해서 자기 자신에게 상처 주는 경우도 많다. 이런 이유에서 여자아이에게는 어린 시절에 반드시 '자신에게 상처 주지 않는 씨앗'을 많이 심어주어야 한다.

① 가족과 대화를 나누며 식사한다
어떤 음식을 누구와 어떻게 먹느냐는 어린 자녀의 인생에 큰 영향을 미친다. 특히 음식 거부, 과식 등의 섭식 장애를 앓기 쉬운 여자아이에게 가족과 대화를 나누며 즐겁게 식사하는 시간은 매우 큰 의미를 지닌다.

식탁에 둘러앉아 그날 있었던 일을 이야기하는 것 자체만으로 자녀의 잠재의식에 '행복의 씨앗'을 심을 수 있다. 그러니 아무리 바쁘더라도 일주일에 3일 이상은 가족이 모여서 식사하는 기회를 만들자.

② 명확한 형태로 칭찬하거나 꾸짖는다

아이를 키우다 보면 칭찬할 일도 많고 혼낼 일도 많다. 그러나 자녀에게 명확한 형태로 그 이유를 전달하지 않으면, 칭찬하거나 혼내는 의미가 없다.

자녀를 혼내거나 칭찬할 때는 '혼자서 일어날 수 있다니 엄마는 너무 기쁘다', '네가 거짓말을 해서 엄마는 너무 화가 나'라며 '정

확한 이유'와 '엄마는~'처럼 '일인칭' 문장으로 표현하는 것이 좋다. 이를 규칙으로 삼아보자.

또한 평소보다 엄하게 혼내야 할 때는 아이의 눈을 보면서 두 손을 꼭 잡는 것이 좋다. 맞잡은 두 손에서 전해지는 따스함이 '비록 혼나고 있지만 나는 사랑받고 있다'는 '행복의 씨앗'을 심어주기 때문이다.

그리고 엄마에게는 딸과 함께 목욕할 것을 권장한다. 서로 등을 밀어주거나 비밀 이야기를 나누는 등 목욕 시간을 즐겨보자. 참고로 내 경우에는 딸이 이미 성인이지만 아직도 종종 함께 목욕을 즐긴다.

③ 여자아이의 솔직한 감정 표현을 인정한다

'여자애 주제에', '여자아이니까'라며 분노, 슬픔, 불안, 기쁨의 자연스러운 감정 표현을 인정해주지 않으면 화가 났을 때에 울거나 슬플 때에 웃는 등 자신의 감정을 제대로 느끼지 못하는 어른으로 성장할 가능성이 높다.

아이가 느끼는 감정에 '슬프지? 엄마도 알아', '화나는 게 당연해', '걱정이 되는구나. 아빠도 그 마음 잘 알아'라며 공감해 주는 것이 중요하다. 그런 다음에 '어떻게 하면 좋을지 같이 생각해 보자'라고 말을 건네는 것이다.

이렇게 하면 아이의 잠재의식에 '감정은 있는 그대로 느끼면 된다. 그리고 그 감정을 솔직하게 표현해도 괜찮다. 모든 일에는 해결 방법이 있다'는 '행복의 씨앗'을 심을 수 있다.

④ 성범죄, 임신, 감염으로부터 자녀를 지킨다

여자아이는 남자아이보다 성범죄에 노출되기 쉽고 그만큼 임신, 중절, 감염 등의 위험성이 높다. 따라서 어렸을 때부터 그 위험성을 반드시 인지시켜야 한다.

낯선 남자가 다가와 길을 묻거나 '너희 엄마, 아빠가 부탁했어!' 라며 차에 타도록 유도한다면 어떻게 대처해야 하는지 일러주어야 한다. 예를 들어 소리를 크게 지르거나 다른 집으로 도망치거나 치한 격퇴 물품을 휴대하도록 하는 등 미리 대책을 마련하는 것이 좋다.

또한 남자의 성(性)과 여자의 성에 대해서 명확하게 가르치는 것도 중요하다. 예를 들어 '너를 소중히 아끼는 남자라면 섹스나 키스를 무리하게 강요하지 않는다' 같은 껄끄러운 말일지라도 자녀에게 명확히 해주어야 한다.

'그렇게까지 할 필요가 있을까?'라고 생각하는 사람도 있겠지만 자신을 보호하고 지킬 수 있는 지식이야말로 여자아이에게 '행복의 씨앗'이 된다. 매우 중요한 부분이니 딸을 둔 부모라면 반드시 명심하길 바란다.

⑤ '아니다(NO)'라고 말할 수 있는 용기를 길러준다

남자아이에 비해 여자아이는 어렸을 때부터 공감 능력과 협조 능력이 빨리 발달한다. 그래서 하기 싫은 일을 부탁받아도 쉽게 거절하지 못할 때가 많다. 하지만 명확하게 '싫다', '아니다'라고 말할 수 있는 용기는 여자아이의 몸과 마음을 지키는 '행복의 씨앗'이 된다.

따라서 일상생활 속에서 부모가 정직하게 '그건 좀 곤란합니다. 거절하겠습니다', '죄송하지만 그날은 못 갈 것 같아요' 등 거절하는 모습을 있는 그대로 보여주자.

⑥ 엄마 자신이 여자라서, 엄마라서 행복하다고 느낀다

평소에 엄마가 여자라서 행복하고 결혼 생활에 만족해하는 모습을 보이면 자녀의 잠재의식에 '여자로 태어나서 다행이다. 결혼은 좋은 것이다'라는 '행복의 씨앗'이 자란다.

또한 '엄마는 네 엄마가 되어서 너무 행복해. 엄마가 살면서 제일 잘한 일이지'라고 말해주면 이는 아이에게 '나는 존재하는 것만으로 가치가 있는 사람이다'라는 '행복의 씨앗'이 된다.

⑦ 자신에게 상처 주지 않는 '말의 씨앗'

일상에서 주고받는 대화를 통해서 여자아이의 잠재의식에 슬며시 '자신에게 상처 주지 않는 씨앗'을 심는다.

"아이코 어깨야. 어깨가 '주물러 달라'고 말을 하네."

"엄마 딸이 너라서 참 다행이야."

"아빠랑 엄마는 네가 태어났을 때 너무 기뻐서 눈물이 났단다."

　　자녀의 존재는 부모에게 행복 그 자체다. 그러니 자녀에게 '나는 존재하는 것만으로 가치 있는 사람이다'라는 씨앗을 많이 심어 주자.

　　그러면 여자아이는 자신을 사랑하고 그 어떤 슬픔이나 고통이 닥쳐와도 견디고 이겨낼 수 있는 멋진 여성으로 성장할 수 있다.

'자신에게 상처 주지 않는 씨앗'을 기르는
"만약에?"라는 질문

"만약에?"로 시작하는 질문은 아이의 잠재의식을 자극할 수 있다. 또한 부모와 자식이 이런저런 대화를 나눔으로써 유대감이 깊어진다.

자, "만약에?"라는 질문을 통해서 여자아이의 잠재의식에 슬며시 '자신에게 상처주지 않는 씨앗'을 심어보자.

1. 만약에 아무도 모르게 당신의 얼굴과 몸을 다른 사람과 바꿀 수 있다면 당신은 바꿀 것인가? 그렇다면 누구와 바꾸겠는가?

2. 만약에 신이 당신에게 딱 한 가지 재능을
선물로 준다면 어떤 재능을 받고 싶은가?

**1. 만약에 아무도 모르게 당신의 얼굴과 몸을 다른 사람과 바꿀 수
있다면 당신은 바꿀 것인가? 그렇다면 누구와 바꾸겠는가?**

이 질문을 통해서는 자녀가 '자신의 용모에 대해서 어떻게 생각
하는지'를 알 수 있다. 만일 "○○랑 바꾸고 싶어요"라는 즉답이
나온다면 항상 그런 생각을 하고 있었다는 증거다.

잠시 생각한 후에 "그럼 아이돌 스타 ○○랑 바꿀래요"라고 답
한다면 "그래? 엄마는 개인적으로 우리 딸 얼굴이랑 몸이랑 다 좋
은데"라고 답해주자. 그러면 자녀에게 '자신감의 씨앗'을 심을 수
있다.

그런데 자녀가 선뜻 대답을 내놓지 못한다면 '엄마라면…' 식으
로 진심을 담아 엄마의 생각을 말해주고 자녀와 함께 대화를 나눠
보자.

혹시 자녀가 "아무하고도 바꾸고 싶지 않아요"라고 말한다면
"그렇지? 엄마가 너를 얼마나 멋지게 낳았는데"라며 농담을 섞어
가며 맞장구를 쳐주는 것도 좋다.

2. 만약에 신이 당신에게 딱 한 가지 재능을 선물로 준다면 어떤 재능을 받고 싶은가?

이 질문을 통해서는 자녀가 '어떤 콤플렉스를 지니고 있는지' 또는 '어떤 사람이 되고 싶은지' 등을 알 수 있다.

만일 '어떤 병이든 고칠 수 있는 능력', '평화를 지키는 능력' 등을 말한다면 "우리 딸의 배려심과 목표가 정말 대단하구나"라는 식으로 부모로서 느낀 감동을 솔직하게 말해주는 것이 좋다.

만일 "공부를 잘하고 싶어요", "운동을 잘하고 싶어요"라고 답한다면 "그렇구나. 그런데 그런 건 신에게 부탁하지 않아도 네 힘으로 어느 정도 이룰 수 있단다"라며 현실적인 가능성을 알려준다. 그러면 '미래는 자기가 하기 나름'이라는 '행복의 씨앗'을 심을 수 있다.

만일 '마법사', '사람의 마음을 읽는 능력' 등을 말한다면 "그런 능력이 생기면 뭘 할 건데?"라며 상상의 폭을 넓히면서 즐겁게 이야기를 나눠보자.

이런 대화가 자녀에게 '상상력과 사고력의 씨앗'이 된다.

여자아이의 몸과 마음에 상처를 주는 '불행의 씨앗'은 몰래 심긴다

나는 지난 20년 가까이 심리치료사로 일하며 수많은 사람들의 인생 상담을 해왔다. 그리고 섭식 장애, 손목을 긋는 자상 행위, 임신과 중절, 가정 폭력, 성범죄 등 심신을 위협하는 문제를 떠안고 사는 여성과 소녀들이 우리 주위에 상상 외로 많다는 사실에 깜짝 놀라지 않을 수 없었다. 무엇보다 그녀들 대부분이 어린 시절에 맺은 부모와의 잘못된 관계에서 '불행의 씨앗'이 심겨졌다는 사실을 알게 되었다.

이렇게 말하면 그녀들의 부모가 마치 '아동 학대나 육아 방치 등의 잘못을 저질러 자칫하면 신문 1면을 크게 장식할 만한 몹쓸 부모가 아닌가?' 하는 생각이 들지도 모르겠다. 하지만 실제로 그렇지는 않다.

딸의 잠재의식에 '불행의 씨앗'을 심는 대부분의 부모는 겉으로 보기에는 그저 평범한 사람들이다. 개중에는 좋은 부모, 훌륭한 부모처럼 보이는 사람도 많다. 사실 신체적, 정신적 학대와 육아 방치 등 알기 쉬운 형태라면 사람들에게 노출되기 쉬워서 복지 기관이나 학교가 개입할 가능성이 높아진다.

그런데 지극히 평범한 가정에서 부모가 당연시하는 것이나 자녀를 위해 하는 행동이 10년, 20년 후에 자녀의 몸과 마음에 상처를 입히리라고는 상상도 못 할 것이다. 더욱 무서운 것은 자신에게 상처를 주는 '불행의 씨앗'이 자신은 물론, 남이 자신에게 상처 주는 것 또한 허용한다는 점이다.

교코(29세) 씨는 두 살 연하인 동거남에게 폭력을 당하고 있다. 동거남은 평소에는 자상하지만 교코 씨를 구속하고 질투심이 강해서 사소한 일에도 불같이 화를 낸다. 일단 화가 나면 발로 차고 때리고 머리를 잡아당기는 등 교코 씨가 더 이상 저항하지 못하고 나가떨어질 때까지 폭력을 휘두른다. 그럼에도 교코 씨는 "그 사람은 제가 없으면 안 돼요. 분명히 달라질 거예요"라며 가슴에 맺힌 멍 자국을 가리며 말한다.

속사정을 들어보니 교코 씨의 어머니는 가부장적인 아버지에게 온갖 폭언과 횡포를 당하며 살았다고 한다. 그러나 겉으로는 폭력을 휘두르지 않았기에 교코 씨는 '설마 엄마가 가정폭력의 피해자일 줄은 꿈에도 몰랐다'고 했다.

온갖 횡포를 일삼던 아버지와 이를 인내하며 살아온 어머니, 그리고 그런 부모의 모습을 보고 자란 딸. 당연히 교코 씨의 잠재의식에는 '남자는 위압적인 존재다. 여자는 참아야 한다'는 '불행의 씨앗'이 심기고 말았던 것이다. 참고로 교코 씨의 아버지는 초등학교 교장 선생님까지 지낸 교육자였다.

교코 씨는 상담 이후 꽤 오랜 시간에 걸쳐 '불행의 씨앗'을 걷어내는 데 성공했다. 그리고 지금은 자상하고 온화한 성격의 남자와 결혼해 행복한 엄마로 지내고 있다.

천사와 같은 딸을 품게 된 이 세상의 복된 엄마, 아빠들이여.

부디 딸의 마음에 자신을 소중히 지킬 수 있는 '행복의 씨앗'을 많이 심어주길 간절히 바란다.

> 롤리타 콤플렉스(미성숙한 소녀에 정서적 동경이나 성적 집착을 가지는 것)를 지닌
> 남성을 즐겁게 하는 귀여운 여자보다, 마마보이 남편을 돌보는 데 바쁜 아내보다,
> 남에게 휘둘리지 않고 주체적으로 자신의 인생을 걸을 수 있는 여자가 되자!
> 내 딸에게, 그리고 이 세상의 모든 여자아이에게 보내는 메시지다.
> 그러니 여자아이를 둔 부모라면 반드시 자녀의 잠재의식에
> '선택받는 여자가 아니라, 선택하는 여자가 되는 씨앗'을 심어주도록 하자.

행복의 씨앗 3

여자아이의 잠재의식에 '선택받는 여자가 아니라, 선택하는 여자가 되는 씨앗'을 심는다

절대로 심어서는 안 되는
'불행의 씨앗'

여자가 '고학력, 고수입, 고신장'이라는 세 가지 '고(高)'의 조건을 모두 갖춘 남성에게 선택받는 시대는 이제 끝났다. 그럼에도 여전히 결혼을 희망하는 여성들은 '적어도 600만 엔 이상의 연봉을 받으며, 결혼해도 내가 하고 싶은 일을 하게 해주는 남자'라는 거의 비슷한 조건을 내민다.

그래서 여기서 잠깐 생각해 봤으면 하는 것이 있다. 조건에 딱 맞는 남자에게 선택을 받았어도 만일 자신의 행복이 상대방의 기분이나 상황에 따라서 달라진다면? 참으로 불쌍하고 불안한 인생이 아닐 수 없다.

여자아이의 정신적 자립을 방해하는 '불행의 씨앗'은 다음과 같이 아주 몰래, 그리고 깊게 뿌리를 내리니 주의해야 한다.

① 언제까지나 어린아이 취급한다

"추우니까 코트 입어."

"이거 맛있지?"

"선생님한테 엄마가 말해줄까?"

"그건 위험해서 안 돼!"

"아빠가 해줄게."

"엄마가 말한 대로지?"

엄마, 아빠는 외동딸인 아야키가 너무나도 사랑스럽다. 그래서 아주 사소한 일에도 늘 참견하고 많은 신경을 쓴다.

→ 부모가 항상 자녀를 감싸고 뭐든지 먼저 알아서 해주고 참견하면 자녀의 잠재의식에는 '내 기분과 내 생각대로 결정하는 것보다 누군가가 결정해주는 편이 낫다'는 '불행의 씨앗'이 심긴다.

이런 아이는 어른이 되어서 선택의 순간 누군가가 결정해주지 않으면 불안해하거나 자신의 감정과 사고, 행동에 책임을 지지 않는 여자가 될 가능성이 높다. 또한 성인이 되는 것에 불안을 느끼고 섭식 장애를 앓거나 등교 거부를 하거나 은둔형 외톨이가 되기도 한다.

② 엄마가 딸에게 친한 친구 혹은 자매처럼 행동한다

나오미의 엄마는 나오미에게 자신을 '엄마'가 아니라 '리에'라고 부르라고 한다. 그리고 항상 딸과 함께 쇼핑을 하거나 아이돌 스타 이야기를 나누며 즐거워한다. 이 둘을 보고 주변 사람들은 "보기 좋네요. 엄마가 아니라 언니 같아요"라고 말한다.

→ 엄마가 딸에게 친자매처럼 행동하고 이를 딸에게도 강요하면 자녀의 잠재의식에 '어른이 되어서도 유치하게 행동해도 괜찮다'는 '불행의 씨앗'이 자란다. 또한 엄마가 어른스럽지 못하고 딸에게 의지하면 '부모처럼 행동하고 보살피면 나를 인정해 준다'는 '불행의 씨앗'을 심게 된다.

이런 아이는 커서도 젊음과 애교에 집착하거나 무능력한 남자가 달라붙기도 한다.

③ 부모의 감정을 자녀에게 떠넘긴다

유키코의 아빠는 술만 마시면 유키코에게 "공부를 좀 더 열심히 해야지!"라며 화를 내거나 큰소리로 윽박지른다. 그러면 엄마는 곤란한 표정으로 "유키코는 잘할 거예요"라고 아빠에게 사과하거나 눈물을 흘린다.

→ 부모가 자신의 감정을 조절하지 못하고 "너 때문에 화가 난 거야", "너 때문에 곤란해"처럼 감정에 대한 책임을 자녀에게 떠넘기면 자녀의 잠재의식에는 '내가 잘못해서 주변 사람들이 화를 내고 슬퍼한다'고 착각하는 '불행의 씨앗'이 심긴다.

이런 아이는 어른이 되어서도 늘 타인의 눈치를 살피고, 누군가가 화를 내거나 다치지 않도록 예민하게 주위를 살핀다.

④ 딸을 공주처럼 떠받든다

마이의 아빠는 "마이는 아빠의 공주님이야"라고 늘 말한다. 마이의 엄마도 "마이는 엄마의 자랑이야"라고 항상 말한다.

→ 부모가 얼굴도 예쁘고 공부도 잘하는 딸을 과도하게 칭찬하거나 마치 공주님처럼 떠받들면 '나는 모두에게 사랑받는 특별하고 뛰어난 존재다'라는 '불행의 씨앗'을 심게 된다.

대개 이런 아이는 커서도 거만하게 행동하거나 자만심이 강해서 남에게 지기라도 하면 극심한 좌절감에 빠지기 쉽다. 또한 남을 시기, 질투하고 쉽게 원망하며 뭔가 실수를 저지르면 주변 사람에게 책임을 전가하기도 한다.

⑤ 딸이 순종적이길 바라고 자기주장을 못하게 한다

나미코는 순종적이고 착해서 절대로 말대답을 하지 않는다. 만일 말대답을 하면 아빠에게 "여자애가 건방지게!"라며 꾸지람을 듣는다. 엄마도 "어린애는 입 다무는 거란다"라고 말한다.

→ 부모가 '여자아이니까', '여자 애는 말이야'라며 의견을 묻지 않거나 자기주장을 못하게 하면 자녀의 잠재의식에는 '내 생각과 의견은 중요하지 않다. 오히려 생각하지 않는 편이 낫다'는 '불행의 씨앗'이 심긴다.

이런 아이는 어른이 되어서도 자신감이 없고 매사에 소극적으로 행동한다. 또한 주변의 불합리성에 대한 분노를 표출하지 못한 채 마음속에 계속 담고 있다가, 어느 날 갑자기 불같이 화를 내거나 누군가를 공격하는 경우도 종종 있다.

⑥ 딸을 엄마의 분신으로 여긴다

사토미의 엄마는 어린 시절에 바이올리니스트가 되어 세계를 누비며 연주하는 것이 꿈이었다. 그런데 음대에 진학할 수 없어서 포기할 수밖에 없었다. 그래서 딸인 사토미에게 어렸을 때부터 바이올린을 가르쳤다. 무슨 일이 있어도 사토미는 하루에 두 시간은 꼭 바이올린을 연습해야 한다.

→ 엄마가 딸을 자기 분신이라고 착각하고 어린 시절의 꿈을 딸을 통해서 이루려고 하면 '나는 무대 뒤의 대역이다. 내 인생의

주인공이 아니다. 부모에게 도움이 되는 것이 나의 사명이다'라는 '불행의 씨앗'이 심긴다.

이런 경우에 아이는 부모가 강요한 꿈을 자신의 꿈이라고 믿고, 그 꿈을 위해서 열심히 응원해주는 부모에게 감사함을 느낀다.

하지만 어른이 되어서 만일 꿈과 목표를 이루지 못하면, 극심한 무력감과 절망감에 빠져 심한 경우에는 우울증이나 정신적, 신체적 장애를 앓기도 한다.

지금까지 살펴본 사례를 통해서 우리는 과잉보호나 과잉간섭, 철없는 부모의 행동이 여자아이의 잠재의식에 '정신적으로 자립하지 말라'는 '불행의 씨앗'을 심는다는 것을 알 수 있었다.

이런 불행의 씨앗은 딸을 스스로 생각하거나 결정할 줄도 몰라서 누군가에게 의존하며 살 수밖에 없는 여자로 전락시킨다. 만일 여기서 다룬 사례 중에 당신의 가정과 비슷한 경우가 있다면 지금이라도 늦지 않았으니 반드시 부모로서의 언행을 재점검하고 개선하길 바란다.

일곱 가지 '선택받는 여자가 아니라, 선택하는 여자가 되는 씨앗'

아무리 좋은 대학을 나오고 좋은 직업을 가졌더라도 정신적으로 자립하지 못한다면 항상 남에게 휘둘리고 인생의 소중한 선택마저 남에게 맡길 수밖에 없게 된다.

그래서 여자아이에게는 자신은 누군가를 기쁘게 하는 존재가 아니고, 누군가가 자신을 기쁘게 해주지 않아도 된다는 사실을 알며, 오롯이 자신의 힘으로 행복해지는 길을 찾아갈 수 있는 '정신적 자립의 씨앗'이 필요하다.

① 단순한 우등생이 되기를 바라지 않고 자녀의 개성을 살려준다

교육열이 높은 부모는 이유를 불문하고 자녀가 공부, 운동, 미술, 음악 등에서 뛰어난 성적을 거두기를 바란다. 그리고 남자아이에 비해 조숙하고 순종적인 여자아이는 그런 부모의 기대에 부응하고자 우등생이 되려고 열심히 노력한다. 물론 성적이 좋으면 좋은 대학에 들어갈 수 있다. 그러나 무조건 좋은 대학에 들어간다고 만사형통은 아니다.

자녀가 좋아하는 분야, 관심사를 알고 자녀의 특기와 소질을 살려주거나 또래 친구들과 다른 개성을 발견하도록 도와주는 것이 더 중요하다. 왜냐하면 이런 과정을 통해서 장래 희망이나 하고 싶은 일을 발견할 수 있기 때문이다. 예를 들어 "에츠코는 이런 점이 참 재미있어", "유우의 그런 점은 참 좋은 것 같아" 같은 격려의 말을 건네고 자녀에게 자신감을 북돋아주자.

이렇게 하면 '그저 평범하고 착한기만 한 것보다 자신만의 개성을 살리는 것이 중요하다'는 '행복의 씨앗'을 심을 수 있다.

② 부모가 서로를 의지하며 열심히 사는 모습을 보여준다

부부 사이에 힘의 균형이 어느 한쪽으로 치우치면 여자아이는 편향된 가치관을 갖게 된다. 이와 반대로 부부가 대등한 관계로 서로 돕고 열심히 사는 모습을 보여주면, 자녀의 잠재의식에 '남녀는 평등하고 서로 돕고 살아야 한다'는 '행복의 씨앗'이 자란다.

권위를 내세우는 아버지와 이를 참고 견디는 어머니. 무능력한 아버지와 억척스럽게 일하는 어머니. 만일 당신의 가정이 이런 경우라면, 반드시 서로 대화를 나누고 힘의 균형을 맞춰보자.

③ 매일 스스로 선택하게 한다

자녀에게 스스로 결정할 기회를 주지 않고 뭐든지 부모가 결정해 버리면, 아이는 커서도 스스로 결정하지 못하는 여자가 될 가능성이 높다. 따라서 아이에게 매일 스스로 선택할 기회를 주자. 이를 테면 이렇게 묻는 것이다.

"오늘은 우산 가져갈 거니?"

"오늘은 청바지 입을래? 반바지 입을래?"

"옷은 네가 혼자 골라봐."

때로는 아이가 우산을 가져가지 않아 비를 홀딱 맞거나 반바지를 입고 가서 추위에 벌벌 떨어야 할지도 모른다.

하지만 이런 경험은 매우 중요하다. 이런 경험이 쌓이고 쌓여서 아이의 잠재의식에 '나는 내 힘으로 선택한다. 실패하더라도 다음에 조심하면 된다'는 '행복의 씨앗'이 자란다. 아무리 사소한 것이라도 좋으니 매일 자녀가 뭔가를 선택하도록 하자.

④ 스스로 생각하는 습관을 길러준다

딸에게 항상 "어떻게 생각해?"라고 의견을 묻자. 예를 들어 텔레비전을 보면서 "저 사람이 하는 말에 대해서 어떻게 생각해?", "왜 이렇게 된 거지? 어떻게 생각해?"라고 물어보는 것이다. 그리고 자녀가 자신의 의견을 밝히면 이를 존중한다.

이렇게 하면 자녀의 잠재의식에 '스스로 생각하는 것은 중요한 일이다. 그리고 현명한 답은 곰곰이 생각해야 나오는 것이다'라는 '행복의 씨앗'을 심을 수 있다. 또한 자녀가 학교에서 받아온 숙제는 되도록 참견하지 않는 것이 좋다. 만약에 자녀가 혼자 할 수 없어서 곤란해 한다면 힌트만 말해준다.

'자기 힘으로 했다'는 성취감을 느끼게 하는 것이 포인트다. 이렇게 하면 자녀의 잠재의식에 '어려운 일도 노력하면 할 수 있다'는 '행복의 씨앗'을 심을 수 있다.

⑤ '현명함은 훌륭한 것이다'라고 가르친다

'여자아이는 순종적이고 자기주장을 하지 않는 편이 사람들에게 사랑받는다.'

'여자아이가 너무 잘나도 남에게 미움을 산다.'

가끔 이런 말을 듣는데 시대착오적인 발상이 아닐 수 없다. 여자아이에게 이런 메시지는 절대로 보내서는 안 된다. 딸이 명확하게 자신의 의견을 말하고 좋은 아이디어를 내며 좋은 성적을 받아서 집에 돌아왔을 때는 이렇게 말해주자.

"네 의견을 또박또박 말했구나. 너무 잘했다. 아빠는 무척 기쁘구나."

"그런 아이디어가 떠오르다니! 엄마가 우리 딸을 존경해야겠는데."

"전보다 ○점이나 올랐네? 열심히 공부한 보람이 있구나."

이런 칭찬이 자녀에게 '자신의 능력을 최대한으로 발휘하는 것은 훌륭한 일이다'라는 '행복의 씨앗'을 심는다.

⑥ 책임감을 길러준다

자녀의 연령에 맞추어 스스로 결정하는 범위를 넓혀주거나 집에서의 역할을 나눠주는 것이 좋다. 이때는 '실패나 실수를 하더라도 절대로 화내지 않는 것'이 중요하다. 자신의 행동으로 말미암은 결과를 체험하게 하는 것이다.

간혹 아이가 내린 결정이나 선택이 나쁜 결과를 초래할 게 당연할 때가 있을 것이다. 그러나 그것이 자녀 및 다른 사람에게 피해를 끼치는 일이 아니라면 그냥 놔두는 편이 좋다. 그리고 실패하면 "아 그랬구나. 너무 아깝네. 대신 다음번에 어떻게 하면 좋을 것 같아?"라고 묻는다. 이렇게 하면 자녀에게 '스스로 결정한 일에 대한 책임은 스스로 져야 한다. 실패했어도 다음을 위해서 활용하면 된다'는 '행복의 씨앗'을 심을 수 있다.

단, 자녀가 '갖고 싶다'고 해서 강아지나 고양이 같은 반려동물에 대한 책임을 지우는 것은 삼가자. 기본적으로 살아있는 생명체에 대한 책임은 부모에게 있다.

⑦ 선택받는 여자가 아니라, 선택하는 여자가 되는 '말의 씨앗'

일상에서 주고받는 대화를 통해서 여자아이의 잠재의식에 슬며시 '선택받는 여자가 아니라, 선택하는 여자가 되는 씨앗'을 심는다.

"너의 이런 점은 정말 훌륭한 것 같아."
"자기 뜻대로 자유롭게 사는 여자라니? 멋지지 않니?"
"누가 뭐래도 역시 여자에게도 지성과 학력이 중요해."

여자아이는 미래에 직업, 결혼, 출산, 육아 등을 스스로 선택하고 책임질 수 있는 힘이 필요하다. 누군가를 기쁘게 해주기 위해서가 아니라, 자신의 행복을 위해서 스스로 생각하고 행동하는 힘이야말로 여자아이가 주체적으로 후회 없는 인생을 살기 위한 최고의 보물이다.

따라서 잘난 척하기 좋아하고 남에게 지기 싫어하는 여자아이를 마음속 깊이 사랑하고 옆에서 지켜봐 주길 바란다.

'선택받는 여자가 아니라, 선택하는 여자가 되는 씨앗'을 기르는 "만약에?"라는 질문

"만약에?"로 시작하는 질문은 아이의 잠재의식을 자극할 수 있다. 또한 부모와 자식이 이런저런 대화를 나눔으로써 유대감이 깊어진다.

자, "만약에?"라는 질문을 통해서 여자아이의 잠재의식에 슬며시 '선택받는 여자가 아니라, 선택하는 여자가 되는 씨앗'을 심어보자.

1. 만약에 절대로 병에 걸리지 않고 백 살까지 살 수 있는 튜브형 음식(치약처럼 짜서 먹는)이 있다면 당신은 먹겠는가? 단, 튜브형 음식의 맛은 당신이 좋아하는 맛

으로 정할 수 있지만, 일단 선택하면 평생 다른 음식은 먹을 수 없다.

2. 만약에 당신이 신이고 다음 중 어느 한 사람을 지옥에 떨어뜨릴 수 있다면 누구를 택하겠는가? A는 개, 고양이, 새 등을 괴롭히거나 죽이는 것을 즐기는 인간이다. B는 조국과 민족을 지키기 위해서 다른 나라 사람을 폭탄으로 죽이는 사람이다.

1. 만약에 절대로 병에 걸리지 않고 백 살까지 살 수 있는 튜브형 음식(치약처럼 짜서 먹는)이 있다면 당신은 먹겠는가? 단, 튜브형 음식의 맛은 당신이 좋아하는 맛으로 정할 수 있지만, 일단 선택하면 평생 다른 음식은 먹을 수 없다

이 질문을 통해서 '오래 살 수 있다는 보증을 받을 것인가? 아니면 좋아하는 음식을 즐길 것인가?'라는 선택을 함으로써 궁극적으로 미래를 위해서 무엇을 선택할지를 고민해 보는 씨앗을 심을 수 있다.

만약에 자녀가 "튜브형 음식을 선택한다"고 답한다면 "백 살까지 살면 다양한 일을 할 수 있겠지? 만약에 두 가지 직업을 가질 수 있다면 뭘 할래?" 같은 생각의 폭을 넓혀 다양한 답이 나올 수 있도록 이끈다.

또는 자녀와 함께 신중하게 고민하면서 "그것 참 고민이다… 그래! 엄마는 튜브형 음식에서 고급스러운 초밥 맛이 나도록 할까봐" 같은 답을 제시해 보는 것도 좋다.

2. 만약에 당신이 신이고 다음 중 어느 한 사람을 지옥에 떨어뜨릴 수 있다면 누구를 택하겠는가? A는 개, 고양이, 새 등을 괴롭히거나 죽이는 것을 즐기는 인간이다. B는 조국과 민족을 지키기 위해서 다른 나라 사람을 폭탄으로 죽이는 사람이다

답하기 어려운 질문이지만 일부러 이런 정답이 없는 질문을 통해 자녀에게 상상력과 사고력, 윤리관을 길러줄 수 있다. 부모와 자녀가 함께 다양한 생각을 하면서 논의하는 시간을 갖는 것 자체가 자녀의 잠재의식에 '행복의 씨앗'을 심을 수 있다.

만약에 "동물보다 인간을 죽이는 사람이 나빠요"라고 답한다면 "그렇긴 하지만 동물에게도 마음이 있는데?"라고 반문하거나, "개나 고양이를 죽이다니 끔찍해요"라고 답한다면 "다른 나라 사람들을 폭탄으로 죽인다는 건 개나 고양이까지 모조리 죽이는 게 아닐까?"라고 말하는 등 자녀가 생각할 수 있는 사고의 폭을 넓혀주는 것이 좋다.

자신이 좋아하는 일을
할 수 있는 여자로 키운다

나는 직업상 결혼을 간절히 희망하는 여성들과 만날 기회가 많다. 그리고 많은 여자들이 마음속으로 '연봉이 높아서 아내가 좋아하는 일을 자유롭게 할 수 있도록 해주는 남자', '가사와 육아를 좋아하는 남자', '근면 성실해서 절대로 한눈팔지 않는 남자'와 결혼하고 싶어 하는 것을 알게 된다.

그러나 솔직히 이런 말을 들으면 결혼 적령기에 접어든 딸을 둔 엄마로서 '결혼하기 힘들겠구나', '눈이 너무 높은데' 등의 걱정이 앞선다. 왜냐하면 일단 그런 남자가 나타나도 '그렇게 대단한 사람이 선택하는 여자는 어떤 사람일까?' 하는 생각이 들기 때문이다. 무엇보다 제일 마음에 걸리는 조건은 '아내가 좋아하는 일을 자유롭게 할 수 있도록 해주는 남자'라는 조건이다.

내 입장에서 보면 '자신이 좋아하는 일이라면 누군가가 하게 해주는 것이 아니라, 본인이 직접 하면 되지 않은가?' 하는 생각이 들기 때문이다. 그런데 그녀들이 원하는 남성상에는 '꿈을 응원해주는 사람'이라는 의미도 있지만 '꿈을 실현하기 위해서 필요한 경제적인 지원을 아낌없이 해주는 사람'이라는 의미도 포함되어 있는 것 같다. 즉, 결혼 상대로 부모적인 존재 혹은 후원자를 원하는 것이다. 자기 힘으로 꿈을 실현하려면 돈도 시간도 부족하니 '유능하고 이해심 많은 남자와 결혼해서 안정적으로 꿈을 향해 달리고 싶다'는 속내일지도 모른다.

물론 세상에 그런 남자와 결혼해서 꿈을 이룬 사람도 있을 것이다. 하지만 그것이 남편의 능력이라면 진정 자신의 힘으로 꿈을 이뤘다고 말할 수 있을까? 그런 꿈은 불명확할뿐더러 이내 장애물에 걸려 넘어질 가능성이 높다. 주변을 살펴보면 동화 「신데렐라」나 할리우드 영화 〈귀여운 여인〉을 동경하는 여성들이 많은데, 여기서 잠깐 생각해 보자.

신데렐라는 과연 왕자와 결혼하고 정말로 행복해졌을까? 영화 〈귀여운 여인〉은 매춘부였던 비비안이 고액의 보수를 조건으로 엘리트 사업가와 시간을 함께 보내는 내용이다. 비비안은 꿈꾸던 상류층 생활을 즐기게 되고, 결국 사업가와 사랑에 빠지게 된다. 마치 꿈과 같은 해피엔딩인데 '과연 그 이후에 비비안은 정말로 행복해졌을까?' 하는 의문이 든다.

왜냐하면 엘리트 사업가가 비비안에게 했던 일을 두 번 다시 하지 않으리라는 보장이 없기 때문이다. 만일 엘리트 사업가가 다른 여자와 사랑에 빠진다면? 비비안은 버림받지 않을까?

이런 상상을 할 때마다 차라리 자기 자신이 부자가 되어 좋아하는 일을 하면서 살 수 있는 능력을 갈고닦는 편이 훨씬 더 효율적이고 확실하지 않을까 하는 생각이 든다.

확고한 자신의 꿈을 이루기 위해서 무엇을 해야 하는지 생각하고 실행에 옮긴다.

실패한다면 방법을 바꿔서 다시 실행에 옮긴다.

이렇게 간단한 방법을 익히는 것만으로도 자기 힘으로 꿈을 이룰 수 있다. 그러니 여자아이를 둔 부모라면 딸에게 '자기 힘으로 좋아하는 일을 할 수 있는 여성이 되라'는 응원의 메시지를 보내주길 바란다.

"

여자아이들의 세계는 실로 가혹하다.

어제의 친구가 오늘의 적이 되기도 하고, 돌아가며 왕따를 당하기도 한다.

자그마한 말실수나 튀는 행동을 하면 바로 끝장이다.

험담, 뒷담화, 악의적인 소문 등 '비밀 이야기'를 좋아하고

남의 불행이 곧 자신의 행복이 되기도 한다.

그야말로 여자들의 세계는 전쟁터가 따로 없다.

그러니 여자아이를 둔 부모라면 딸이 친구를 따돌리지 않고

왕따를 당하지 않도록 '여자들의 전쟁터에서 살아남는 씨앗'을 심어주어야 한다.

"

행복의 씨앗 4

여자아이의 잠재의식에 슬며시
'여자들의 전쟁터에서 살아남는 씨앗'을 심는다

절대로 심어서는 안 되는
'불행의 씨앗'

여자아이의 세계는 남자아이의 세계와 조금 다르다. 일반적으로 남자아이는 외향적이라 따돌림 문제가 벌어지면 어른들에게 발견될 가능성이 높은 데 반해, 여자아이는 내향적이라 문제가 깊이 숨어 있거나 곪아 있는 경우가 많다.

또한 초등학교 고학년이 되면 '부모님이 걱정하시니까', '따돌림 당하는 것을 부모님께 알리고 싶지 않으니까'라는 생각에 집에서는 아무 일도 없다는 듯이 행동하는 여자아이가 많다. 돌이킬 수 없는 사태에 이르러서야 자녀의 속사정과 실제 상황을 안다면 이미 때는 늦은 뒤라고 할 수 있다.

여기서는 이런 최악의 결과를 초래할 수 있는 '불행의 씨앗'이 여자아이의 잠재의식에 어떻게 심기는지에 대해서 알아보자.

① 부모가 부부 싸움만 한다

나쓰미의 부모는 매일 싸운다. 부부 싸움의 원인은 아빠가 다른 여자와 바람이 났기 때문이라고 나쓰미는 짐작하고 있다. "아빠 회사에 다니는 ○○가 아빠에게 문자를 보냈지 뭐니? 여자가 젊다고 여기저기 막 들이대는 거야 뭐야. 하여간 여자란…"이라며 엄마가 항상 화를 내기 때문이다.

→ 부부 싸움이 잦으면 자녀의 잠재의식에 '아무리 친한 사이라도 인간은 서로 으르렁거리기 마련이다'라는 '불행의 씨앗'이 심기고 만다. 또한 엄마가 딸에게 질투심을 보이면 '방심하면 소중한 것을 빼앗긴다'라는 '불행의 씨앗'을 심게 된다.

이런 아이는 친한 친구를 갑자기 적으로 돌리거나, 상대방에게 '위협받고 있다', '나의 소중한 뭔가를 노리고 있다'는 느낌을 받으면 곧바로 공격할 가능성이 높다.

② 부모가 여자다운 것을 싫어하거나 반대로 필요 이상으로 여자답기를 바란다

"툭하면 질질 짜거나 가냘픈 척하는 아이는 기분 나빠."

고토노의 엄마는 이렇게 말하며 여성스러운 아이를 싫어한다.

"사키코는 정말이지 너무 귀엽고 앙증맞은 게 여자답단 말이야."

사키코의 엄마는 여성스러운 아이를 좋아한다.

→ 부모가 여자다운 것을 싫어하면 자녀는 여자다운 몸짓, 태도, 복장을 한 친구에게 반감을 갖는다. 이와 반대로 부모가 자녀에게 필요 이상으로 여자답기를 강요하면 예쁘고 화려한 것을 좋아하고 그런 것에 집착한다. 그리고 이런 두 타입의 여자아이는 커서 서로를 싫어한다.

③ 부모가 다른 사람을 험담한다

"참나, 옆집 여자는 정말이지 이상해."

"○○는 보기만 해도 기분 나빠."

"내 말 좀 들어봐. ○○가 말이야…."

가요코의 아빠와 엄마는 항상 누군가의 험담을 늘어놓는다.

→ 부모가 항상 누군가의 험담을 늘어놓으면 자녀의 잠재의식에는 '사람은 누군가를 험담한다. 사람은 모두 어리석다. 험담은 즐거운 것이다'라는 '불행의 씨앗'이 심긴다.

이런 환경에서 자란 아이는 누군가와 친해지고 싶을 때 다른 사람에 대한 험담이나 소문을 이용하거나, 좀 더 친밀한 사이로 발전하고 싶을 때 비밀 이야기를 나누거나 공동의 적을 만들기도 한다.

④ 부모가 자녀를 너무 감싸거나 혹은 아예 감싸지 않는다

마스미의 엄마는 마스미가 곤란하지 않도록, 힘들지 않도록 애지중지 곱게 키운다. 유우코의 엄마는 반대로 일이 바빠서 유우코를 혼자 방치하는 경우가 많다.

→ 온실 속의 화초처럼 곱게 키워진 아이는 스트레스를 잘 견디지 못하고 대화 능력과 경쟁심이 떨어져 집단 따돌림의 대상이 되기 쉽다. 이와 반대로 어려서부터 외롭게 자란 아이는 부모의 사랑을 독차지하며 자란 아이에게 질투심을 느끼고 괴롭히는 성향을 보인다.

⑤ 다른 친구와 비교한다

시오리의 엄마는 시오리가 90점을 받아오면 "왜 100점을 못 받은 거니? 반에서 100점 맞은 애는 몇 명이야?"라고 묻는다. 그뿐만이 아니다. 시오리가 발표회에서 주연으로 뽑히지 못하면 "왜 저런 애한테 진 거야?"라고 투덜대며, 매일 입버릇처럼 "○○한테 지면 안 돼!", "이런 식이면 ○○한테 지고 말거야!"라고 말한다.

→ 부모가 친구와의 경쟁을 지나치게 강요하면 자녀의 잠재의

식에는 '주변 친구들은 모두 적이다. 그런 애들하고 똑같으면 안 된다'라는 '불행의 씨앗'이 심긴다.

이런 아이는 커서 남을 칭찬하거나 인정하면 지는 것이라고 착각하고 자신을 특별한 사람으로 만들기 위해서 일부러 다른 친구들과 다르게 행동하거나 또래 집단을 바보 취급하기도 한다. 또한 질투심과 적대심이 강해서 친구들과 자주 다투거나 혼자 지내는 등 스스로 자기 자신을 고립시키기도 한다.

⑥ 엄마가 겉과 속이 다르다

아쓰미의 엄마는 유카의 엄마와 수다를 떨 때는 유카를 칭찬하지만 다른 엄마들과 수다를 떨 때는 유카의 험담을 한다. 또한 친할머니 앞에서는 늘 상냥하게 행동하지만 다른 친구들 엄마와 만나서는 친할머니에 대한 험담을 한다.

→ 부모가 겉과 속이 다른 모습을 보이면 자녀의 잠재의식에는 '사람은 누구나 겉과 속이 다르다. 겉으로는 상냥해도 속으로는 엉큼하다'는 '불행의 씨앗'이 심긴다.

이런 아이는 남을 믿지 못하고 따돌리거나 계략을 세우는 등 겉과 속이 다른 여자로 자랄 가능성이 높다. 자기 자신은 처신을 잘한다고 생각하지만 결국 남에게 미움

을 사거나 따돌림을 당하고 마는 것이다.

⑦ 부모가 반성하지 않고 자녀에게도 반성하게 하지 않는다

사토코의 엄마는 사토코가 학교에서 기분 나쁜 일을 당하면 "너는 하나도 잘못 없어. 선생님이 나빠", "그 애가 뭐라고 했지? 걔가 해코지한 거지?"라고 말하며 성난 표정 혹은 걱정스런 표정을 짓는다.

→ 부모가 잘못을 남의 탓으로 돌리고 자녀에게 자신을 반성하는 객관적인 관점을 길러주지 않으면 '나쁜 것은 항상 주변 사람들과 환경이다. 나는 희생자다'라는 '불행의 씨앗'이 심긴다. 이런 아이는 친구들과 싸우거나 미움을 사도 '일방적으로 괴롭힘을 당했다'고 착각한다. 더 큰 문제는 상황이 악화되면 실제로 괴롭힘, 따돌림을 당하는 경우가 발생할 수도 있다는 점이다.

'자식은 부모의 거울'이라는 말이 있다. 특히 여자아이는 엄마의 행동과 모습을 보고 주변 사람들과 어떤 관계를 맺으면 좋을지, 그 방법을 배우는 경우가 많다.

엄마가 주변 사람들을 불성실하게 대하면 자녀의 잠재의식에는 타인에 대한 불신, 일그러진 교류의 씨앗이 자란다. 이것이 바로 여자들의 세계를 전쟁터로 만드는 원인이다.

일곱 가지
'여자들의 전쟁터에서 살아남는 씨앗'

여자아이들의 세계에는 독특한 규칙이 있다. 그리고 그 규칙은 항상 일정하지 않아서 그때그때 분위기를 잘 타야 한다. 그래야 괴롭힘을 당하지 않고 무시당하지 않고 설 자리를 잃지 않는다.

여자아이들에게 또래 집단에서 퇴출당하는 일은 안주할 땅을 잃는 것과 같다. 그래서 여자들의 전쟁터에서 살아남으려면 융통성과 대화 능력, 그리고 강인함을 길러주는 씨앗이 반드시 필요하다.

① '싫다(NO)'고 말할 수 있는 용기를 길러준다

심한 말을 듣거나 하기 싫은 일을 강요받았을 때 그대로 받아들이면 상대방은 우쭐해진다. 그러면 다음부터는 괴롭힘의 표적이 된다.

부모가 평소에 자녀에게 위압적이고 핑계를 대거나 자기주장을 못하게 하면 '싫다'고 말하지 못하는 여자로 자랄 가능성이 높다. 따라서 자녀에게 뭐든 순종하기 바라지 말고 '좋다', '싫다'를 명확하게 말할 수 있는 기회를 주자. 그리고 자신의 기분을 잘 표현하면 칭찬하자.

TV 뉴스 등에서 왕따 문제로 괴로워하다 목숨을 끊게 된 사연이 소개되면 "분명히 싫어하는데도 애들이 괴롭혔을 거야. 너라면 어떻게 할 거야?"라고 물어보는 것도 좋다. 경우에 따라서는 '싫어!', '그만해!'라고 큰소리로 말하는 연습을 시켜보는 것도 좋다.

② 혼자서도 괜찮다는 것을 알려준다

여자아이는 또래 집단에서 소외되면 마치 놀림감이 된 듯한 굴욕감을 느낀다. 사실 또래 집단이라는 것은 경우에 따라서 누군가와의 절교를 통해서 결속력을 다지기도 하는데, 여자아이들의 경우에 그 절교 대상이 순번제로 돌아가 하루도 안심하고 지낼 수가 없다.

유년 시절에 자신도 그런 경험을 한 엄마는 어떡해서든 딸이 또래 집단에서 소외당하지 않고 잘 지낼 수 있도록 신경을 많이 쓸 수밖에 없다. 그런데 그럴수록 자녀가 '어떤 그룹에도 속하지 못하는 나는 부끄러운 존재다'라고 느낄 수 있으니 조심해야 한다.

자녀에게 '혼자 화장실에 가거나 혼자 보내는 시간을 즐길 줄 아는 여자가 멋있다' 같은 '혼자서도 괜찮다'는 암시를 넌지시 해주는 것만으로도 자녀의 잠재의식에 '행복의 씨앗'을 심을 수 있다.

이렇게 하면 학급에서 따돌림을 당하거나 또래 집단에서 소외당해도 부모에게 그 사실을 알리고 혼자서도 의연하게 학교에 다닐 수 있다. 그리고 이런 태도를 보이는 아이는 저절로 괴롭히기 힘든 상대가 된다.

③ 친구들의 괴롭힘에서 자녀를 지키고 필요하다면 환경을 바꾼다

자녀가 친구들에게 괴롭힘, 따돌림을 당하고 있다면 "너에게도 나쁜 점이 있을 거야"라며 참고 견디게 해서는 절대 안 된다.

물론 자녀에게도 뭔가 원인이 있을 것이다. 하지만 친구들의 괴롭힘으로 상처받은 자녀에게 그런 식의 대처법은 더 큰 상처가 되고 도피처마저 빼앗는 꼴이다.

자녀와 대화를 나누면서 감정을 공유하고 필요하다면 학교와 교육위원회, 변호사, 상담 센터 등에 연락을 취해야 한다. 그리고 "엄마, 아빠가 반드시 지켜줄게"라고 자녀에게 약속을 하는 것이다. 만일 학교나 교육위원회 등을 통해서도 결론이 나지 않을 때는 전학, 이사 등을 고려해야 한다.

④ 자녀의 변화를 살핀다

딸을 여자들의 전쟁터에서 지키려면 일단 세심하게 관찰해야 한다. 특히 학교에서 귀가했을 때의 표정이나 태도를 주의 깊게 살펴보자. 만일 이상한 점이 눈에 띈다면 망설이지 말고 "왜 그래? 무슨 일이 있었니?"라고 말을 건넨다. 그래야 상황을 악화시키지 않고 미연에 방지할 수 있는 '행복의 씨앗'을 심을 수 있다.

가능하다면 초등학교 고학년에서 중학교 때까지는 부모 중 한 사람이 "잘 다녀왔어?" 하고 따뜻하게 맞아주는 환경을 조성하는 것이 좋다.

⑤ 부모에게 도움을 청할 수 있게 한다

대부분의 아이들은 연령대가 높아지면서 부모에게 도움을 청하길 꺼리게 된다. 그런데 아이러니하게도 연령대가 높아질수록 아이가 떠안게 되는 문제, 고민거리는 점점 더 커진다.

'부모님께 걱정 끼치고 싶지 않다.'

'부모님께 혼난다. 부모님이 미워한다.'

'부모님이 아는 게 창피하다.'

'부모님을 실망시키고 싶지 않다.'

이런 생각들로 무슨 일이 생겨도 집에서는 밝고 건강한 것처럼 행동하는 아이가 적지 않다. 하지만 이는 상당히 위험한 일이다.

만일 자녀가 친구들에게 괴롭힘, 왕따를 당하고 있는 것 같으면 "사실 엄마는 어렸을 때 괴롭힘을 당했었어. 너무 창피해서 할머니께도 말씀드리지 못했지. 그래서 혼자 참고 견딜 수밖에 없었단다. 정말이지 죽을 것만 같았어"라며 학창 시절의 경험을 이야기해 주거나, "요즘 회사에서 사람들이 엄마를 슬슬 피해 다녀서 기분이 별로야. 그래서 회사 가기가 너무 싫어"처럼 속내를 털어놓는 것이 좋다.

이렇게 하면 자녀의 잠재의식에 '불평이나 약한 소리를 해도 괜찮다. 따돌림, 괴롭힘을 당하는 것은 부끄러운 일이 아니다'라는 '행복의 씨앗'을 심을 수 있다.

때로는 작든 크든 이야기를 만들어서라도 자녀에게 행복의 씨앗을 심어주어야 한다. 그러면 자녀는 부모에게 쉽게 도움을 요청할 수 있다.

⑥ 겉마음과 속마음이 존재한다는 것을 가르친다

부모가 항상 자녀에게 '친구와 사이좋게 지내야 한다', '남을 배려할 줄 알아야 한다', '친구를 괴롭히면 안 된다' 등 이상론만 강요하면 현실에 대처하지 못하는 사람이 될 위험성이 높다. 자녀에게 때로는 겉마음과 속마음을 구분해야 하는 상황도 있다는 것을 일러줄 필요가 있다.

⑦ 여자들의 전쟁터에서 살아남는 '말의 씨앗'

일상에서 주고받는 대화를 통해서 여자아이의 잠재의식에 슬며시 '여자들의 전쟁터에서 살아남는 씨앗'을 심는다.

"세상 사람들이 다 상냥하고 친절할 수는 없어. 그래서 모든 사람들과 사이좋게 지내는 건 힘든 일이지."

"어렸을 때는 '이걸 어떻게 참아?'라고 생각했는데 언젠가 달라지는 날이 온다는 걸 깨달았어."

"친구들하고 같이 그 애를 무시해야 내가 왕따를 당하지 않는다는 생각이 들 거야. 실제로는 '싫어! 나는 ○○가 좋단 말이야!'라고 말하면 좋은데, 그치? 그런데 그렇게 말하지 못할 때도 있는 거란다."

"물론 거짓말은 나쁘지. 하지만 상대방이 진실로 인해 상처를 받는다면 어쩔 수 없이 해야 하는 거짓말도 있더구나."

"엄마랑 아빠는 설령 네가 몹쓸 짓을 하더라도, 나약하고 무능력하더라도 반드시 너를 지킬 거란다."

여자들의 전쟁터란 그런 환경을 전쟁터로 받아들일 것인지, 아니면 전쟁터로 받아들이지 않을 것인지에 따라서 상당히 달라진다. 어떤 아이에게는 전쟁터가 어떤 아이에게는 미래를 향해 나아가는 통과의례에 불과한 경우도 있기 때문이다.

기본적으로 후자의 경우처럼 자녀에게 융통성을 가지고 유연하게 살아남는 능력을 길러주는 것이 무엇보다 중요한데, 만일의 경우에 대비해서 자녀를 반드시 지키겠다는 각오를 다져두는 것이 좋다.

'여자들의 전쟁터에서 살아남는 씨앗'을 기르는 "만약에?"라는 질문

"만약에?"로 시작하는 질문은 아이의 잠재의식을 자극할 수 있다. 또한 부모와 자식이 이런저런 대화를 나눔으로써 유대감이 깊어진다.

자, "만약에?"라는 질문을 통해서 남자아이의 잠재의식에 슬며시 '여자들의 전쟁터에서 살아남는 씨앗'을 심어보자.

1. 만약에 당신이 아무도 모르게 누군가를 아프게 하거나 괴롭힐 수 있다면 누구에게 그렇게 하겠는가?

2. 만약에 당신이라면 머리도 좋고 얼굴도 예쁘고 스타일도 좋지만 친구가 한 명도 없는 경우와 머리, 얼굴, 스타일 모두 보통 수준보다 떨어지지만 친구가 많은 경우 중에 어느 쪽을 선택하겠는가?

1. 만약에 당신이 아무도 모르게 누군가를 아프게 하거나 괴롭힐 수 있다면 누구에게 그렇게 하겠는가?

무서운 질문이다. 그래도 초등학교 저학년 정도까지는 속마음을 들을 수 있다. 만약에 자녀가 누군가의 이름을 대면 "왜 ○○라고 정한 거야?"라고 물어보자. 이때 대놓고 묻지 말고 은근슬쩍 속내를 떠보는 것이 중요하다. 부모가 심각한 표정을 지으면 자녀는 뭔가를 숨기려 할지 모르니 주의해야 한다. 어쩌면 이 질문을 통해서 자녀 주변의 또래 문제나 왕따의 실상을 알게 될 수도 있다.

자녀에게 한 친구를 지목한 이유를 들으면 "그런 일이 있었구나. 그래서 그런 생각을 한 거구나. 그래도 친구를 괴롭히는 건 나쁜 거니까 다른 방법을 생각해 보자"라며 다른 선택지나 해결 방법이 있다는 것을 알려주자. 그러면 자녀의 잠재의식에 '행복의 씨앗'을 심을 수 있다.

2. 만약에 당신이라면 머리도 좋고 얼굴도 예쁘고 스타일도 좋지만 친구가 한 명도 없는 경우와 머리, 얼굴, 스타일 모두 보통 수준보다 떨어지지만 친구가 많은 경우 중에 어느 쪽을 선택하겠는가?

이 질문을 통해서는 자녀의 현재 상황과 고민거리, 가치관을 알 수 있다.

만약에 "친구가 많은 것이 좋다"라고 즉답한다면 현재 교우관계에 문제가 있을지도 모른다. 이럴 때는 "그치? 그런데 엄마는 얼굴도 머리도 스타일도 좋았으면 해서 약간 망설여지는데"라고 말해주고 '왜 친구가 많은 게 좋은지'에 대해서 말하도록 은근슬쩍 떠본다.

만일 교우관계로 고민이 있거나 따돌림을 당하고 있다면 자녀에게 "많이 힘들었겠구나. 너만 괜찮다면 우리 이사 갈까? 아니면 전학 가는 건 어때?"라는 말처럼 '안심의 씨앗'과 '미래 가능성의 씨앗'을 심어주도록 하자.

작은 용기가 여자들의 전쟁터에서 살아남는 구원의 손길이 된다

다행스럽게도 나는 지금까지 동성에게 심한 괴롭힘이나 따돌림을 당한 적이 없다. 아마도 평소에 내가 맹해 보이거나 질투할 만한 사람으로 보이지 않았기 때문일 것이다.

어쨌든 이렇게 살아온 나지만 지금까지도 아주 또렷하게 기억하는 추억이 하나 있다. 바로 중학교 2학년 때의 일이다. 당시에 반 여자아이들은 작은 또래 그룹을 만들어 지냈는데, 나는 Y, H와 함께 같이 다녔다. Y는 남자아이들에게 인기가 많은 귀여운 타입이었고, H는 운동을 잘하는 타입이었다.

그러던 어느 날, 나는 하굣길에 H가 좋아하는 3학년 남자 선배와 우연히 만나게 되었다. 서로 이야기를 나누며 각자의 집으로 돌아갔는데, 이튿날 등교해서 Y와 H에게 말을 걸었더니 둘이 내 말을 들은 척도 하지 않는 것이었다. 곤란했던 나는 오해를 풀려고 노력했지만 둘은 계속해서 나를 무시했다. 며칠이 지나서는 같은 반 여자아이들이 하나둘씩 나와 말을 섞지 않았다. 그렇게 나는 서서히 외톨이가 되었다. 솔직히 화가 났지만 그보다는 비참한 생각에 속이 많이 상했다. 설 자리를 잃게 된 나는 학교에 가기 싫었다. 하지만 엄마에게 속내를 털어놓지 못한 채 집에서는 아무 일도 없었다는 듯이 행동을 했다.

그러던 어느 날, 쉬는 시간에 화장실에 갔는데 칸막이 밖에서 Y와 H의 목소리가 들려왔다. 나는 볼일을 다 봤지만 칸막이 밖으로 나갈 수 없었다. 왜냐하면 둘이 그나마 나와 말을 나누던 여자아이들에게 "너네는 히데미가 좋니?"라고 묻고 있었기 때문이다.

그러자 S란 친구가 "응! 좋아. 히데미는 착하잖아. 다른 친구들 험담도 안 하고"라고 대답했다. 옆에서 듣고 있던 다른 여자아이도 "맞아. 히데미는 참 착해"라고 말하는 것이었다. 그러자 Y와 H는 "그래…?"라고 되물은 뒤 화장실을 나갔다. 나는 화장실에서 곧바로 나갈 수 없어 힘들었지만 눈시울이 뜨거워지면서 가슴이 뭉클해졌다.

그날 이후로 나를 무시하던 여자아이들의 행동은 사라졌다. 물론 Y와 H도 나에게 사과했다. 그러나 나는 친구들을 용서할 수는 없었다. 졸업식 때까지 나는 그 둘과 단 한마디도 나누지 않았다. 대신 S와는 그때부터 계속 친하게 지냈고 고등학교를 졸업하고 나서 "그때 너무 고마웠어. 정말 기쁘더라" 하고 고마움을 표시했다. 하지만 S는 "그게 무슨 말이야?"라며 그때의 일을 전혀 기억하지 못했다.

지금도 나는 S의 용기에 감사한다. 그리고 그녀를 진심으로 존경한다. 중학교 2학년의 어린 여자아이가 반에서 상당한 권력이 있는 여자아이들을 상대로 정면 승부를 한다는 것은 매우 어려운 일이었을 테니까. 나는 지금까지도 S를 본보기로 삼으며 열심히 살고 있다. 그리고 딸에게도 이런 나의 경험담을 이야기해 주었다.

이렇게 친구의 따뜻한 말 한마디가 '여자들의 전쟁터에서 살아남는 씨앗'이 되기도 한다. 그런 용기 있는 여자아이가 한 명이라도 더 늘어나길 마음속 깊이 바라본다.

"

강철은 단단하지만 큰 충격을 가하면 부러진다.
반면에 버드나무 가지는 가늘어서 비바람을 맞으면 축 처지고
휘어져도 비바람이 멎으면 재빨리 원래 모습으로 되돌아간다.
즉, 버드나무 가지처럼 유연하면서 씩씩하게 사는 힘은
여자아이가 행복한 삶을 보내는 데 필요한 소중한 씨앗이 된다.

"

행복의 씨앗 5

여자아이의 잠재의식에 슬며시 '유연하면서도 씩씩하게 인생을 개척하는 씨앗'을 심는다

절대로 심어서는 안 되는
'불행의 씨앗'

인간은 누구나 행복한 삶을 바란다. 하지만 인생이란 순탄하지만은 않는 법이다. 구불구불 휘어지고 이런저런 장애물이 곳곳에서 튀어나오기 마련이다. 좋을 때도 있고 나쁠 때도 있는 것이 바로 우리들 인생이다. 그래서 나쁜 시기를 잘 극복하는 방법을 아는 사람이 인생의 강자라고 할 수 있다.

따라서 인생의 수많은 장애물로 말미암아 마음에 상처받기 쉬운 여자로 키우고 싶지 않다면, 부모의 어떤 행동이 딸의 잠재의식에 '불행의 씨앗'을 심는지 알아야 한다.

① 불안한 마음이나 속마음을 말하지 못하게 한다

나나코가 "오늘은 체육 시간이 있어서 학교에 가기 싫어요"라고 말하면 아빠는 "체육 시간이 얼마나 즐거운지 모르는구나. 복에 겨운 소리 하네"라고 말할 뿐이다. 엄마는 "학교 가는 게 나나코가 해야 할 일이야"라고 말하는 게 전부다.

→ 부모가 자녀의 불안이나 속마음을 들으려 하지 않고 자녀의 문제를 보고도 못 본 척하면 자녀의 잠재의식에는 '무슨 문제가 있어도 눈치 채지 못한 척하면 된다. 앓는 소리를 해서는 안 된다'라는 '불행의 씨앗'이 심긴다.

이런 아이는 문제 자체를 부인하거나 설령 문제를 인정하더라도 그에 대한 해결 능력이 낮은 여성으로 자라게 된다. 또한 눈치 채지 못하는 사이에 마음의 병이 악화되거나 문제가 일어났을 때는 이미 마음이 지친 상태라 회복 불가능한 경우도 종종 있다.

② '여자아이니까'라며 세상의 이면을 보여주지 않는다

"여자애가 그렇게 위험한 일을 해야겠니? 하지 말아야지."

"저렇게 폭력적인 친구랑은 놀면 안 돼!"

"더우니까 옷 갈아입어."

아이리의 엄마는 하나에서 열까지 아이리에게 명령과 지시를 내린다.

→ 과잉보호도 모자라 걱정병까지 있는 부모는 자녀의 잠재의식에 '여자는 약한 존재다. 누군가가 지켜줘야 살 수 있다'는 '불

행의 씨앗'을 심는다.

　이런 아이는 어른이 되어서도 애인, 남편, 부모에게 의존하거나 자신보다 강한 사람에게 쉽게 휘둘린다. 스스로 생각하는 힘, 현실과 맞서 싸우려는 힘이 약하기에 작은 스트레스에도 곧바로 반응하고, 또한 개성을 살리면서 주체적으로 자신의 인생을 개척해 나가려는 힘도 없다.

③ 엄마가 히스테리를 부린다

"너무하네, 진짜! 아니, 어떻게 이럴 수가 있어? 참나!"

유리코의 엄마는 아빠에게 뭔가를 바랄 때면 항상 화를 내거나 크게 우는 등 소란을 피워서 자신의 욕구를 채운다.

→ 엄마가 울거나 소리치는 등 다양한 방법을 동원해서 자신의 욕구를 채우면, 이를 보고 자란 자녀의 잠재의식에는 '뭔가 갖고 싶을 때는 울거나 큰소리를 지르면 쉽게 얻을 수 있다'는 '불행의 씨앗'이 심긴다.

이런 아이는 커서 다른 사람의 도움이 필요할 때 혹은 스트레스를 받았을 때, 화를 내거나 울어서 자기 뜻을 이루려고 한다. 그리고 이런 방법으로 뜻이 이루어지지 않으면 일방적으로 갑자기 관계를 끊기도 한다.

그러나 이런 아이는 다양한 방법을 동원해서 주변 사람들을 자기 뜻대로 휘두르기에 신뢰를 얻지 못하고, 그 결과 중요한 기회를 놓치는 등 진정한 행복과 거리가 먼 인생을 살게 될 가능성이 높다.

④ 부모가 항상 오빠나 동생, 친구들과 비교한다

"오빠는 성적이 좋은데 너는 왜 그러니? 여자애니까 어쩔 수 없지 뭐."

"조금만 더 노력해서 ○○처럼 하면 좋을 텐데."

다마미의 엄마는 오늘도 한심하다는 표정으로 다마미를 보며 이렇게 푸념한다.

→ 부모가 딸을 남자 형제나 친구들과 비교하면 '여자는 이래서 안 된다', '나는 어차피…' 등의 '불행의 씨앗'이 심긴다.

이런 아이는 커서 아무것도 아닌 일로 자신이 바보 취급을 당한다고 오해하거나 비굴하게 행동하거나 남을 질투하고 원망하기 쉽다. 또한 다른 사람에게 과도한 경쟁심을 느끼거나 정곡을 찌르는 듣기 거북한 말도 쉽게 내뱉는다. 항상 누군가와 자신을 비교하고 일이 잘 안 풀리면 모든 것을 내던져 버리는 경우도 있다.

⑤ 항상 상냥하고 협조적이며 순종하길 강요한다

마치코의 부모는 마치코가 뾰로통하거나 화를 내면 "화를 내는 여자애는 못난이야. 항상 웃고 있어야지"라고 말한다. 단, 마치코가 울고 있을 때는 "우리 딸, 불쌍하게 왜 그래?"라고 말한다.

→ 부모가 딸에게 '여자아이는 화내지 말고 울어야 한다. 항상 상냥하고 순종적이며 협조적이어야 한다'는 메시지를 보내면, 자녀의 잠재의식에는 '여자는 스트레스를 받거나 일이 잘 안 풀릴 때 눈물을 보이면 된다. 어떤 사람에게든 순종적이고 웃어야 사랑받을 수 있다'는 '불행의 씨앗'이 심긴다.

이런 '불행의 씨앗'이 심긴 아이는 어른이 되어서 문제가 발생했을 때 일단 울어서 주변 사람들의 동정을 사려고 한다. 또한 누구에게든 웃는 모습을 보이려고 노력하느라 심한 스트레스에 시달리기도 한다.

⑥ 자녀에게 완벽함, 1등을 요구한다

모나미의 엄마는 모나미의 장래를 위해서 항상 1등을 강요한다. 공부만이 아니라 체육, 음악, 미술도 1등을 해야 한다고 말한다. 그래서 모나미는 여러 학원을 다니고 항상 열심히 노력한다.

→ 신이 아닌 인간인 이상 우리는 모든 것을 완벽하게 할 수 없다. 그럼에도 자녀에게 항상 완벽해야 하고 1등을 해야 한다고 강요하면 실패했을 때에 마음에 큰 상처를 입을 수밖에 없다.

또한 실패로 말미암아 좌절하면 엄청난 굴욕감과 절망감에 빠져 이 세상에서 사라지고 싶을 정도로 큰 타격을 입기도 한다.

⑦ 부모의 애정이 자녀에게 전해지지 않는다

세쓰코는 엄마, 아빠가 일하느라 바빠 할머니가 키운다. 휴일에도 아빠는 잠만 잔다. 엄마는 집안일을 하지만 항상 피곤해하고 한숨만 쉰다.

→ 부모가 자녀를 보살피지 않으면 '나는 쓸모없는 존재다. 별로 가치 없는 존재다'라는 '불행의 씨앗'을 심게 된다.

이런 아이는 누군가에게 도움이 되어 자신의 존재 의미를 증명하려고 노력하는데, 만일 잘 되지 않으면 어디론가 사라지고 싶다는 생각에 크게 낙심하기도 한다.

여자아이에게 주변 환경에 적응하라고 강요하거나 과잉보호하거나 더 노력하라고 부추기면 사소한 일에도 쉽게 마음에 상처를 입을 가능성이 높다.

이런 아이는 스트레스에 약해서 감정 조절에 서툴고 부정적인 감정을 마음에 쌓아두기 십상이다. 그러다 어느 날 갑자기 마음에 쌓아두었던 분노와 슬픔을 터뜨려 주변 사람들을 경악하게 만들기도 한다. 경우에 따라서는 큰 문제를 일으킬 위험성도 있으니 지금이라도 당장 아이의 잠재의식에서 '불행의 씨앗'을 제거해야 한다.

일곱 가지 '유연하면서도 씩씩하게 인생을 개척하는 씨앗'

부모라면 누구나 딸이 행복해지길 바란다. 과거에는 좋은 집안으로 시집을 보내고 그 집안의 대를 이을 자식을 낳고 시부모에게 사랑받는 며느리가 되도록 키우는 것이 여자가 누릴 수 있는 최고의 행복이라고 여겼다.

그런데 요즘은 '맞벌이가 당연'하고 '부부 3쌍 중 1쌍이 이혼'을 하며 '싱글 마더가 급증'하고 있다. 이런 시대적 경향에 발맞추어 부모의 교육 방침도 바꾸어야 할 필요가 있다. 여자아이를 둔 부모라면 앞으로 자녀에게 '유연하면서도 씩씩하게 인생을 개척하는 씨앗'을 심어주어야 한다.

① 도전과 실패를 경험하게 한다

'여자아이니까'라며 딸이 실패하는 것을 두려워해 경쟁, 도전 등을 경험하게 하지 않으면 훗날 나약한 여자가 될 수밖에 없다.

따라서 때로는 일부러 실패를 경험하게 해야 한다. 아이가 넘어졌다고 곧장 달려가 도와줄 것이 아니라, 스스로 일어서는 법을 배우도록 해야 한다.

이를 테면 "3학년에 되면 뭘 해볼래? 어떤 것에 도전해 볼래?", "1학기에는 뭘 해보려고 노력할 거야?" 같은 질문을 통해 스스로 목표를 정하게 하고, 그 목표를 이루기 위해서 열심히 노력하는 모습을 보이면 아낌없이 칭찬해 주는 것이 좋다.

단, 이때 참견은 금물이다. 다양한 것에 도전하게 하고 만일 실패하면 일단 '아깝다', '안타깝다' 등 자녀의 감정을 공유해야 한다. 그리고 나서 "어떤 점이 나빴던 거지? 다음엔 어떻게 하면 좋을까?" 같은 질문으로 함께 고민하는 시간을 갖는 것이다.

이런 시간이 자녀의 잠재의식에 '실수, 실패를 해도 괜찮다. 다시 도전하면 된다'는 '행복의 씨앗'으로 자란다.

② 부모 자신이 실패를 극복하는 모습을 보여준다

방금 전 '자녀가 실패 혹은 좌절했을 때 일단 자녀의 감정을 공유하고 그다음에 어떻게 하면 좋을지에 대해서 함께 고민해 보는 것이 좋다'고 언급했다.

이와 더불어 "어쩌면 1년 후에 '그때 실패했기에 열심히 노력했지', '그때 그 방법이 아니라는 걸 알았으니까 성공한 거야'라고 말하고 있을지도 몰라"처럼 사물을 바라보는 관점을 바꾸어 주면 좀 더 효과적이다. 또한 부모 스스로가 열심히 도전하고 실패했을 때에 안타까워하거나 분해하는 모습을 자녀에게 보여주는 것도 좋다.

'다시 열심히 해보자!'라며 실패를 극복하는 모습을 보여주면 '실패했으면 마음껏 분해해도 괜찮다. 다시 일어서면 되니까'라는 '행복의 씨앗'을 심을 수 있다.

③ 큰 목표를 이루려면 세 개 이상의 선택지를 염두에 둔다

실패했을 때에 '이제 끝장이라는 생각'은 우리를 절망의 늪으로 이끌 뿐이다. 하지만 '다른 방법이 있을 거라는 생각'은 우리에게 희망을 가져다준다. 그러니 큰 목표를 이루고자 할 때는 항상 세 가지 이상의 선택지를 생각해 두어야 한다.

가령 여름 방학에 친구들과 디즈니랜드에 놀러간다는 목표를 세웠다고 치자. 이때는 '집안일을 도와서 용돈을 모은다', '할머니께 부탁해 본다', '용돈을 당겨서 받는다'와 같이 세 가지 선택지를 염두에 두는 것이다.

단, 부모가 선택지를 자녀에게 가르쳐주지 말고 '어떻게 할 거야?', '어떻게 생각해?' 등 자녀가 스스로 생각할 수 있도록 이끄는 것이 중요하다.

이렇게 하면 자녀에게 '더 많은 선택지가 있으면 성공하기 쉽다. 상황이 어려워도 스스로 해결할 수 있는 방법을 찾는다'라는 '행복의 씨앗'을 심을 수 있다.

④ 협동심을 길러준다

인간은 혼자 살 수 없다. 누군가와 관계를 맺고 살아가는 존재다. 그래서 실패했을 때나 힘들고 지쳤을 때에 솔직하게 '도와달라'고 말할 수 있는 용기가 필요하다. 때로는 손해를 보더라도 남을 기분 좋게 도와줄 수 있는 배려심도 중요하다.

자녀를 이렇게 키우려면 평소에 부모가 자신의 시간과 돈, 체력 등을 가족 이외의 사람이나 동물을 위해서 나누어 쓰는 모습을 보여주는 것이 가장 효과적이다.

또한 부모가 힘들 때는 자녀에게 "지금 너무 힘이 드는데 좀 도와줄래?"라고 부탁해 보자. 그러면 자녀의 잠재의식에 '힘들 때는 남의 도움을 받아도 괜찮다. 손해를 보더라도 누군가를 도와주는 것은 기분 좋은 일이다'라는 '행복의 씨앗'을 심을 수 있다.

⑤ 집안에 웃음꽃을 활짝 피운다

부모가 너무 성실한 나머지 융통성이 없으면 자녀는 항상 마음에 여유가 없고 잘 놀지 못한다. 가능하다면 '유머 센스'를 동원해서 웃음꽃을 자주 피우자. 부모가 자신의 실수나 바보처럼 행동했던 경험담을 자녀에게 들려주는 것도 좋다.

참고로 우리 집은 가족 모두가 코미디를 좋아해서 녹화해둔 코미디 프로그램을 즐겨보는 편이다. 배꼽을 잡으며 크게 웃는 것만으로도 걱정스러웠던 고민을 훌훌 털어버릴 수 있다. 또한 나는 뭔가 재미있는 일이 있으면 기억해 두었다가 딸에게 꼭 말해준다. 그러면 이따금씩 둘이 싸우다가 갑자기 '품' 하며 웃음보가 터져 긴장이 풀리기도 한다.

⑥ 기반이 튼튼한 직장, 자격증은 물론 '인생의 꿈'을 갖게 한다

앞에서도 언급했지만 앞으로 여자아이는 혼자서도 살 수 있는 경제력을 갖추어야 한다. 그러려면 학력과 지성이 필요하다. 하지만 먹고살기 위해서 일만 하는 것은 행복하다고 말할 수 없다. 삶의 보람과 일의 보람이 일치하는 것이 가장 좋은데, 사실 그런 경우는 드물다.

따라서 일단 먹고살기 위해서 필요한 든든한 직장과 자격을 갖추고 그것을 인생의 담보로 자신이 진심으로 하고 싶은 일을 좇도록 해야 한다.

이것이 자녀의 잠재의식에 '나는 항상 꿈을 갖고 있다'는 '행복의 씨앗'이 된다.

⑦ 유연하면서도 씩씩하게 인생을 개척하는 '말의 씨앗'

일상에서 주고받는 대화를 통해서 여자아이의 잠재의식에 슬며시 '유연하면서도 씩씩하게 인생을 개척하는 씨앗'을 심는다.

"에디슨은 전구를 발명하려고 만 번이나 실패했다고 하더구나."

"아빠는 말이야, 그때 실패하길 잘한 것 같아."

"새옹지마(塞翁之馬)라는 고사 성어를 아니?"

"한 번의 실패로 포기한 사람에게는 한 번의 기회밖에 없었지만 백 번째에 성공한 사람에게는 백 번의 기회가 있었던 거구나."

"넘어져도 혼자 잘 일어섰네."

"월트 디즈니는 세 번이나 크게 망하고서 성공했대."

"KFC 할아버지 알지? 글쎄 무려 천 아홉 번이나 치킨을 파는데 실패했었다는구나."

앞으로 우리 아이들이 살아갈 시대에 여자아이는 버드나무 가지처럼 바람에 꺾이지 않고 유연하게 움직이고, 바람이 멈추면 원래 모습으로 되돌아갈 수 있는 강인함을 가져야 한다.

그렇다면 유연하면서도 씩씩한 여자가 되는 데 필요한 최고의 씨앗은 무엇일까?

바로 부모가 자녀에게 마음에서 우러나오는 진심 어린 사랑을 전하는 것이다.

이뿐이다. 부모에게 사랑받고 있다는 자신감으로 가득 찬 아이는 어떤 실패에도 좌절하지 않고 다시 일어설 수 있다.

유연하면서도 씩씩하게 인생을 개척하는
씨앗을 기르는 "만약에?"라는 질문

"만약에?"로 시작하는 질문은 아이의 잠재의식을 자극할 수 있다. 또한 부모와 자식이 이런저런 대화를 나눔으로써 유대감이 깊어진다.

자, "만약에?"라는 질문을 통해서 여자아이의 잠재의식에 슬며시 '유연하면서도 씩씩하게 인생을 개척하는 씨앗'을 심어보자.

1. 만약에 부모 중 한 사람을 다른 사람과
   바꿔야 한다면, 당신은 엄마와 아빠 중
   에서 누구를 어떤 사람과 바꾸겠는가?

2. 만약에 무인도에서 평생 혼자 살게 돼 좋아하는 것을 딱 세 가지만 가져갈 수 있다면, 당신은 무엇을 가져가겠는가?

1. 만약에 부모 중 한 사람을 다른 사람과 바꿔야 한다면, 당신은 엄마와 아빠 중에서 누구를 어떤 사람과 바꾸겠는가?

사실 부모 앞에서 답하기 어려운 질문이다. 부모가 먼저 농담으로 "그야 아빠지? 할리우드 배우 ○○○랑 바꿔줘라. 제발 부탁이야!"라며 즐겁게 대화를 시작해 보자.

만약에 자녀가 자못 심각한 말투로 '아빠' 혹은 '엄마'라고 대답한다면 뭔가 부모와 자녀 사이에 문제가 있을 가능성이 높다.

이때는 부모가 "그렇구나. 그럼 어디 한 번 자식도 바꿔 볼까나? 아니야, 엄마는 우리 ○○가 세상에서 제일 좋아!"라며 자녀에 대한 사랑과 애정을 전달한다.

이 질문을 통해서는 자녀가 부모에 대해 갖고 있는 갈등이나 감정 등을 아는 데에 도움이 된다. 또한 부모와 자녀가 깊은 대화를 나눔으로써 서로에게 융통성과 상상력을 향상시키는 씨앗을 심을 수 있다.

2. 만약에 무인도에서 평생 혼자 살게 돼 좋아하는 것을 딱 세 가지만 가져갈 수 있다면, 당신은 무엇을 가져가겠는가?

심리 테스트에 자주 등장하는 질문이다. 이 질문을 통해서는 자녀의 융통성과 담대함, 계획성을 기르는 씨앗을 심을 수 있다.

아마도 '무인도에 혹시 컴퓨터가 있어요?', '스마트폰이 있어요?' 등 다양한 질문이 나올 것이다. 만일 자녀가 '만화책, 텔레비전, 게임기'라고 답한다면 "평생이야? 어른이 되어서도 할 거야?"라며 자녀가 다양한 생각과 상상을 할 수 있도록 이끈다.

또한 "아빠라면 물고기를 잡을 작살, 벌레 퇴치 스프레이, 배, 이렇게 세 개를 가져갈 거야. 무인도에 살다가 지겨우면 누가 알아? 배를 타고 돌아올 수 있을지" 같은 농담을 섞어가면서 새로운 관점을 제시해주는 것도 좋다.

부모가 체면도 수치심도 버리고
반드시 지켜야 하는 것

만약에 자녀가 '죽고 싶다'고 말한다면… 이때는 체면도 수치심도 버리고 무슨 수를 써서라도 반드시 자식의 목숨을 지켜야 한다. 다급한 나머지 '무슨 바보 같은 소리야!', '죽으면 안 돼!', '그런 말 하면 못 써!'라고 말해서는 절대 안 된다. 그러면 두 번 다시 자식은 마음의 문을 열어주지 않을 것이다.

나 역시 딸에게 그렇게 말한 적이 있다. 당시 중학생이었던 딸은 반 친구들의 괴롭힘과 따돌림에 시달리다 등교 거부를 했다. 우등생인 딸의 등교 거부는 부모인 나를 포함해 학교도 심각한 일이었다.

그러던 어느 날, 딸이 "학교에 가서 친구들 앞에서 하고 싶은 말이 있어요"라고 입을 열었다. 오랜 시간 끝에 내놓은 딸의 요청이었기에 나는 딸의 의견을 존중해주고 싶었다. 하지만 학교 측에서는 '다른 학생들을 자극할 수 있어서 곤란하다'며 허락하지 않았다. 그리고 며칠 후에 생각다 못한 딸은 "차라리 죽고 싶다"고 내게 말했다.

칼로 심장을 도려내는 듯했다. 그야말로 엄청난 충격이 아닐 수 없었다. 그때 나는 딸에게 이렇게 말했다.

"그럼 엄마도 같이 죽자! 그런데 말이야. 우리가 이대로 죽는다면 너무 바보 같지 않니? 나쁜 건 그 애들인데. 그리고 어차피 죽을 거면 그 애들을 죽이고 나서 죽자!"

물론 진심은 아니었다. 내 제안에 흠칫 놀란 딸은 "그렇긴 한데…"라며 고개를 끄덕였다. 그때부터 우리 둘은 치밀한 암살 계획(?)을 세우기 시작했다. 그런데 이런저런 이야기를 나누다보니 나와 딸은 '만약에 완전 범죄가 가능하다면 우리가 굳이 죽을 필요는 없지 않나?'라는 결론에 이르렀다. 그리고 일단 계획은 여기까지 세우고, 밤이 늦었으니 그만 자기로 했다.

다음 날 아침, 나는 딸에게 "그럼 우리 그 계획을 좀 더 짜볼까?"라고 물었다. 그러자 딸이 희미한 미소를 지으며 "아니, 이제 괜찮아요. 그런 위험을 감수할 만큼 죽이고 싶지는 않아요"라고 말하는 것이 아닌가?

그로부터 몇 개월 후에 딸은 1지망이었던 고등학교에 보란 듯이 합격했고, 3년간의 멋진 청춘 시절을 보내며 어렸을 적의 꿈이었던 의학부에 들어갔다.

중학생 때 그 사건을 겪고 나서 딸은 단 한 번도 인간관계로 힘들어 한 적이 없다. 힘들어 하기는커녕 스트레스도 받지 않고 다른 사람들과 잘 어울리며 지낸다. 그리고 어른이 된 지금은 "그때 그런 경험을 해서 다행이에요. 그때 혼자서 이런저런 생각도 많이 해보고 고민도 해봤기에 고등학교, 대학교에 들어가서도 친구들 문제로 힘들지 않았어요"라며 그때를 회상한다.

사실 부모로서 암살 계획이라니 부끄럽기 짝이 없는 무모한 제안이었다. 하지만 오로지 딸을 지키려는 일념에서 나온 것이니 이해해주길 바란다. 때로는 자식의 생명과 존엄을 지키기 위해서 부모라면 체면도 수치심도 모두 던져버려야 하는 경우가 있다(그래도 나처럼 행동하지는 말았으면 한다).

여자는 잠재의식에 심긴 씨앗대로 남자를 선택한다.
폭력을 일삼는 남자, 일하지 않는 무능력한 남자,
바람을 피우는 남자에 끌리는 것 역시
모두 자신의 잠재의식이 끌어당긴 이상형이기 때문이다.
머리로는 성실하고 유능하고 자신을 감싸줄 수 있는 남자를 원하지만
무슨 이유에선지 비슷한 부류의 남자를 만나는 것은 이 때문이다.
따라서 여자아이를 둔 부모라면 딸이 진심으로 행복해지는
'이상적인 파트너를 끌어당기는 씨앗'을 심어주어야 한다.

행복의 씨앗 6

여자아이의 잠재의식에 슬며시
'이상적인 파트너를 끌어당기는 씨앗'을 심는다

절대로 심어서는 안 되는
'불행의 씨앗'

사귀는 애인마다 왜 바람을 피울까? 처음에는 자상한데 점점 폭력적으로 변하는 이유는 무엇일까? 일도 하지 않고 염치없이 돈을 요구한다… 이런 남자와 사귀는 이유는 여자아이의 잠재의식에 심긴 '불행의 씨앗' 때문이다. 도대체 여자를 이토록 불행하게 만드는 무서운 씨앗은 언제, 어떻게 심기는 것일까? 여기서는 그런 '불행의 씨앗'에 대해서 살펴보고자 한다.

① 아빠가 집에서 절대 권력자이고 딸을 몹시 사랑한다

레이나의 아빠는 외동딸인 레이나를 무척 사랑하고 아낀다. 레이나가 "이다음에 크면 아빠한테 시집갈래요"라고 말하면 기뻐서 "그래, 우리 딸!" 하며 흐뭇해한다.

→ 집안 분위기가 아빠 말이면 무조건 따라야 하고, 그런 아빠가 딸을 몹시 사랑하면 아이의 잠재의식에 '이 세상에 아빠보다 나를 더 많이 사랑해주고 지켜줄 수 있는 남자는 없다'라는 '불행의 씨앗'이 심긴다.

이런 아이는 커서 잠재의식의 지배를 받아 아빠와 비슷한 남성을 선택할 가능성이 높다. 그런데 배우자는 당연히 아빠가 아니기에 뭔가 부족한 부분이 발견되기 마련이고, 이때 '자신을 얼마나 사랑하는지' 배우자를 시험해 보려고 한다. 그러면 결국 파경을 맞을 수밖에 없다.

② 엄마가 신데렐라나 유명 인사를 동경한다

가즈요의 엄마는 텔레비전을 보면서 "캐서린 왕비는 참 고급스럽고 예쁘네. 윌리엄 왕자에게 선택받다니 얼마나 좋을까", "어머머, 저 여자애 진짜 대단하다! 저런 부자 사업가를 잡다니"라고 툭하면 말한다.

→ 엄마가 시집을 잘 간 여자들이나 유명 인사를 동경하면 아이의 잠재의식에 '신데렐라처럼 왕자가 나타나길 기다리자'라는 '불행의 씨앗'을 심게 된다.

이런 아이는 커서 몇 번을 이혼하더라도, 혹은 나이 지긋한

중년 여성이 되어서도 이상적인 왕자를 계속 기다리게 된다. 하지만 이상적인 왕자는 현실에 존재하지 않기에 영원히 행복해질 수 없다.

③ 엄마가 아빠를 어린아이처럼 대한다

요시에의 엄마는 "아빠는 우리 집 큰아들이야"라고 항상 말한다. 그래서 요시에도 가끔 아빠를 남동생처럼 대한다. 엄마도 요시에에게 여동생과 아빠를 챙겨달라고 부탁하기도 한다.

→ 엄마가 아빠를 어린아이처럼 대하거나 반대로 아빠가 엄마의 응석을 받아주면, 혹은 손위 형제에게 손아래 형제를 돌보게 하면 '엄마처럼 잘 챙겨주면 사람들은 기뻐한다'라는 '불행의 씨앗'이 심긴다.

이런 아이는 어른이 되어서도 무의식적으로 옆에서 챙겨주고 돌봐줘야 하는 남자를 선택할 가능성이 높다. 또한 애인이나 남편의 친모를 대신해 그들을 돌봐주고 챙겨주는 것에서 자신의 존재 의미를 확인하려고 할 수도 있다. 그러나 대개의 경우 정신적, 경제적으로 자립하지 못하는 무능력한 남자에게 끌려서 영원히 행복해지지 못한다.

④ 아빠나 이모부(고모부), 할아버지 등 주변 사람들의 생활이 한심하다

고토미의 아빠는 자주 일을 관둔다. 그래서 엄마는 점심에도 저녁에도 열심히 일만 한다. 아빠는 집에서 뒹굴뒹굴 놀거나 도박 게임장에 가서 돈을 탕진한다.

→ 무노동, 의존증, 불륜, 폭력 등을 일삼는 아빠나 이모부(고모부), 할아버지 등을 보고 자란 아이의 잠재의식에는 '남자란 족속은 의지할 만한 상대가 못 된다. 여자는 고생을 해도 사랑받으면 행복하다'는 '불행의 씨앗'이 자란다.

안타깝게도 이런 가정은 대부분 엄마가 혼자 가계를 책임지는 등 경제력이 낮은 경우가 많다. 그래서 가정 형편상 거주 지역이나 학교, 학력 수준이 떨어지고, 결국 알고 지내게 되는 남자도 대부분 수준이 낮은 경우가 많다.

⑤ 엄마가 좋아하는 이상형을 딸에게 강요한다

노리카의 엄마는 젊었을 때 남자 아이돌 스타를 쫓아다녔다고 자랑을 늘어놓는다. 지금도 좋아하는 아이돌 스타에 푹 빠져 소녀처럼 소리를 지르곤 한다.

→ 딸은 대개 엄마의 취향에 큰 영향을 받는다. 패션, 음악, 취미뿐만 아니라 이상형까지 영향을 받는다. 그래서 엄마가 아이돌 스타나 젊고 잘생긴 남자 혹은 드라마에서 볼 수 있는 나쁜

남자에게 푹 빠져 지내면, 자녀의 잠재의식에도 '아이돌 스타처럼 멋진 남자를 찾자', '남자는 살짝 나쁜 편이 매력적이다'라는 '불행의 씨앗'이 심어지게 된다.

이런 아이는 커서 외모가 수려한 남자나 무슨 생각을 하는지 도통 모를 위험한 남자에게 매력을 느끼고 현실과 동떨어진 연애밖에 하지 못한다.

⑥ '결혼이 인생의 목표'라고 가르친다

다카미의 엄마는 동화책을 다 읽은 후에 꼭 "다카미는 결혼할 때 어떤 신부가 되고 싶어?"라고 묻는다. 그래선지 다카미는 『신데렐라』, 『백설공주』, 『숲 속의 공주』 같은 공주가 등장하는 이야기를 좋아한다.

→ 여자아이에게 공주가 등장하고 해피엔딩으로 끝나는 동화책만 읽어주면 아이의 잠재의식에는 '인생의 목표는 멋진 왕자와

만나 결혼하는 것'이라는 '불행의 씨앗'이 심긴다.

　이런 아이는 '결혼=인생의 목표'라고 착각하고, 결혼 후에 펼쳐질 현실에 대해서는 미처 깊게 생각하지 못하게 된다. 즉, 결혼까지는 어떻게든 성사가 되더라도 초고속 이혼을 하거나, 어떤 의미에서 미성숙한 어린아이가 갓난아기를 낳은 것처럼 아이를 방치하거나 학대하는 등 심각한 육아 문제가 발생하기도 한다.

⑦ 엄마는 항상 뭔가를 해달라고 조른다

"여보, 나 이것 좀 사줘요."

"좀 더 자상하게 대해줘요."

미사토의 엄마는 항상 아빠에게 조른다. 엄마는 아빠만이 아니라 친정에 가서도 "엄마, 나 이거 좀 가져갈게요", "이번 달에 생활비가 모자라서 그런데 돈 좀 빌려줘요"라며 친정 엄마에게 조르고는 한다.

　→ 엄마가 매사에 '이거 해달라', '저거 해달라'며 누군가에게 조르는 모습을 보이면 자녀의 잠재의식에는 '일단 뭐든지 남한테 해달라고 조르는 것이 이득이다'라는 '불행의 씨앗'이 심긴다.

　이런 환경에서 자란 아이는 커서 애인이나 남편에게 '부탁이야'라는 말을 입에 달고 사는 여자가 될 가능성이 높다. 그리고 자신이 상대방을 위해서 뭔가를 직접 해주는 것은 손해라고 생각하고, 받는 데만 정신이 팔려 정작 상대방에게 아무것도 해주지 않으니 괜찮은 남자들이 꺼리고 피할 수밖에 없다.

무능한 남자를 끌어당긴다는 것은 결국 자기 자신 역시 무능한 여자라는 뜻이다. 이런 여자들은 머리로는 이상적인 파트너를 바라지만, 잠재의식에 심긴 씨앗의 영향으로 이상한 남자들에게 매력을 느끼게 된다. 그런 의미에서 부모의 책임은 매우 크다고 할 수 있다.

일곱 가지
'이상적인 파트너를 끌어당기는 씨앗'

앞으로 우리 아이들이 살아갈 시대에 여자아이는 남자에게 선택받는 여자가 아니라, 자기 스스로 남자를 선택하는 여자가 되어야 한다. 하지만 자기 스스로 선택할 수 있는 입장이 되었음에도 불행하게 이상한 남자를 선택한다면 이 얼마나 어처구니없는 일인가?

따라서 딸을 키우는 부모라면 딸이 행복해질 수 있는 남자를 선택하도록 '이상적인 파트너를 끌어당기는 씨앗'을 많이 심어주어야 한다.

① 수준 높은 남자에게 어울리는 여자가 된다

『신데렐라』, 〈귀여운 여인〉 같은 이야기는 동화일 뿐이다. 현실 세계에서의 엘리트 남성은 엘리트 여성을 선택한다. 실제로 현대 사회에서는 변호사는 변호사끼리, 의사는 의사끼리 결혼하는 비율이 갈수록 높아지고 있다. 수준 높은 남자를 만나려면 수준 높은 여자가 되어야 한다는 뜻이다.

따라서 평소부터 딸에게 기품 있는 태도와 말씨를 익히게 해야 한다. 또한 공주가 왕자에게 간택되는 동화책만 읽어줄 것이 아니라, 함께 모험을 떠나거나 비슷한 형편의 사람들이 맺어지는 동화책을 읽어주는 것이 좋다.

그러면 자녀의 잠재의식에 '능력 있는 남자는 능력 있는 여자를 좋아한다'는 '행복의 씨앗'을 심을 수 있다. 또한 본보기나 참고가 될 만한 소설, 영화, 드라마나 혹은 친구들의 실제 이야기를 해주는 것도 좋다.

② 건강과 외모에 신경을 쓴다

남자에게 매력적인 여자가 되려면 몸과 마음이 건강해야 한다. 아무리 겉보기에 아름다워도 심신이 건강하지 않으면 금방 차일 수 있다. 따라서 여자아이에게는 패션과 헤어스타일만이 아니라, 몸과 마음을 소중히 여기도록 가르쳐야 한다. 그런 다음에 '외모'에 신경 쓰도록 해야 한다.

물론 남자는 여자의 외모에 관심이 많다. 그러니 일단 여자다우면서도 단정한 옷차림을 하고 미소를 짓도록 가르치자. 이 두 가지는 수준 높은 남자를 끌어당기는 데 필수 요소다. 이런 행복의 씨앗을 자녀의 잠재의식에 심으려면 엄마 먼저 본보기를 보여야 한다.

우선 엄마가 자신의 건강을 잘 챙기고 항상 긍정적이고 밝은 모습을 보인다. 그리고 나이에 맞지 않는 젊은 옷차림이나 진한 화장, 때와 장소에 맞지 않는 행동을 삼간다. 대신에 때와 장소에 맞는 세련미를 뽐낸다.

그리고 항상 미소를 잃지 않는다. 이렇게 하면 자녀의 잠재의식에 '여자는 건강, 긍정적인 태도, 밝은 모습을 갖추어야 한다. 그리고 때와 장소에 맞는 옷차림을 하고 멋진 미소를 짓는 여자는 누구라도 좋아한다'라는 '행복의 씨앗'을 심을 수 있다.

③ 남에게 뭔가를 베푸는 기쁨을 알려준다

남자에게 뭔가를 바라기만 하고 정작 자신은 상냥하게 행동하거나 시간과 에너지를 나눌 줄 모르는 여자는 머지않아 미움을 사고 매력도 그만큼 떨어진다.

딸을 이런 여성으로 키우고 싶지 않다면 개, 고양이, 토끼 등을 집에서 함께 키워보자. 이렇게 하면 자녀의 잠재의식에 '자기 이외의 존재를 위해서 뭔가를 베푸는 것은 기쁜 일이다'라는 '행복의 씨앗'을 심을 수 있다.

④ 이상적인 파트너가 있는 환경에서 생활한다

앞에서도 언급했듯이 엘리트 남성은 엘리트 여성을 선택한다.

따라서 여자아이가 장래에 경제적, 정신적으로 풍요로운 남성을 파트너로 맞이할 가능성을 높이려면 아빠와 주변 남성들의 수준이 높아야 한다. 그래야 자녀에게 '행복의 씨앗'을 심을 수 있다.

만일 불가능하다면 학교, 거주지 등을 잘 선택하자. 주변에 수준 높은 남성이 많은 환경에서 자라면 이는 훗날 자녀에게 '행복의 씨앗'이 된다.

만약에 이것도 불가능하다면 영화나 텔레비전, 친구들의 경험담 등을 활용해서 세상에는 다양한 스타일의 남성이 있고 그런 남성들 옆에 있는 여성들의 인생에 대해서 알 기회를 넓혀주는 게 좋다. 이것만으로도 미래에 이상적인 파트너를 끌어당길 확률을 높일 수 있다.

⑤ 먼저 다가갈 줄 아는 용기를 길러준다

남자가 먼저 말을 걸어주길 기다리는 시대는 지났다. 기다리기만 해서는 행복을 잡을 가능성이 줄어들 뿐이다. 그러니 딸에게 이상적인 남자가 나타났다면 겁먹지 말고 먼저 다가갈 수 있는 용기를 길러주자.

물론 선머슴 같은 여자나 스토커가 되어서는 안 된다. 어디까지나 기품이 느껴지는 매력적인 모습으로 다가갈 필요가 있다. 그러기 위해서는 딸에게 '적극성의 씨앗'을 심어주어야 한다.

예를 들어 "있잖니, 가게 주인에게 화장실이 어디인지 좀 물어봐

줄래?", "저 아줌마에게 이 지하철이 어느 방면인지 물어봐 줄래?"
처럼 평소에 낯선 사람에게 말을 거는 훈련을 딸에게 시켜보자.

이렇게 하면 자녀의 잠재의식에 '자신의 목표를 이루거나 갖고
싶은 물건을 얻고 싶다면 적극적으로 행동해도 좋다'는 '행복의
씨앗'을 심을 수 있다.

⑥ 괜찮은 남자를 알아보는 안목을 길러준다

괜찮은 남자를 알아보는 안목이 없으면 무능한 남자를 이상적인
남자로 착각할 수 있다. 무엇보다 여자아이는 엄마의 영향을 많이
받는다. 그러니 만일 엄마가 여기까지 읽고서 '아, 나는 취향이 별
론데' 하는 걱정이 앞선다면, 딸을 위해서라도 자신의 이상형에 관
해서는 언급하지 않는 편이 좋다. 대신에 '네가 커서 이런 남자와

만났으면 좋겠다'라는 이상형을 슬며시 딸에게 어필하는 것이다.

이를 테면 〈도라에몽〉을 보면서 "있잖아, 진구랑 퉁퉁이랑 비실이 중에서 누가 제일 좋아?"라고 물어본 후, 캐릭터 각자의 장단점에 대해서 이야기해 보는 것도 재미있을 것이다. 또는 "솔직히 엄마는 이제까지 남자를 얼굴만 보고 골랐던 것 같아. 실제로는 마음이 중요한데 말이야"처럼 속마음을 털어놓는 방법도 있다.

이렇게 하면 자녀의 잠재의식에 '남자를 외모로만 판단하지 말자. 성실하고 자상한 남자가 좋다'라는 '행복의 씨앗'을 심을 수 있다.

⑦ 이상적인 파트너를 끌어당기는 '언어의 씨앗'

일상에서 주고받는 대화를 통해서 여자아이의 잠재의식에 슬며시 '이상적인 파트너를 끌어당기는 씨앗'을 심는다.

"만약에 결혼한다면 저 아이돌 그룹 멤버 중에 누구랑 하고 싶어?"
"여자가 치열이 가지런하면 그것만 봐도 왠지 귀티가 나더라."
"저 여배우는 웃는 모습이 참 예쁘다. 너무 멋져!"

요즘은 여자의 행복이 남자에 의해 무조건 좌우되는 것은 아니지만, 그래도 인생에서 연애는 중요하고 결혼은 인류지대사로 여자아이의 행복에 큰 영향을 미친다.

　이번 장에서 다뤘던 내용을 참고로 딸에게 '미래에 안심하고 행복한 연애를 즐길 수 있는 씨앗'과 '이상적인 파트너를 끌어당기는 씨앗'을 많이 심어주길 바란다.

'이상적인 파트너를 끌어당기는 씨앗'을 기르는
"만약에?"라는 질문

"만약에?"로 시작하는 질문은 아이의 잠재의식을 자극할 수 있다. 또한 부모와 자식이 이런저런 대화를 나눔으로써 유대감이 깊어진다.

자, "만약에?"라는 질문을 통해서 여자아이의 잠재의식에 슬며시 '이상적인 파트너를 끌어당기는 씨앗'을 심어보자.

1. 만약에 당신이 동화 속 공주가 될 수 있다면 어떤 공주가 되고 싶은가?

2. 만약에 당신이 미래에 엄청난 부자지만 성질이 고약한 남자와 너무 가난하지만 한없이 자상한 남자 중에 누군가와 결혼을 해야 한다면 누구를 선택하겠는가?

1. 만약에 당신이 동화 속 공주가 될 수 있다면 어떤 공주가 되고 싶은가?

여자아이에게 즐거운 질문이다. 이 질문을 통해서는 딸의 잠재적인 희망과 소망, 바람 등을 알 수 있다.

만약에 "백설공주!"라고 답한다면 "독이 든 사과를 먹고 두 번이나 죽는데 괜찮겠어? 게다가 왕자는 사냥을 좋아해서 숲 속 동물들을 죽이는데 과연 사랑을 할 수 있을까?"처럼 일부러 비판적인 견해를 제시해보자.

만약 자녀가 답하길 망설인다면 "엄마라면 『미녀와 야수』의 벨이 될래. 벨은 왕자의 외모가 아니라 진실한 마음을 좋아했잖아. 그리고 벨은 씩씩하고 야무져"라고 말해보자.

이 질문을 통해서는 '공주라고 해서 꼭 행복한 것은 아니다'라는 사실을 깨우쳐주는 '행복의 씨앗'을 심을 수 있다.

2. 만약에 당신이 미래에 엄청난 부자지만 성질이 고약한 남자와 너

무 가난하지만 한없이 자상한 남자 중에 누군가와 결혼을 해야 한다면 누구를 선택하겠는가?

성인 여자도 진지하게 생각해볼 만한 질문이다. 만약에 자녀가 "당연히 가난하지만 자상한 사람이 좋겠죠?"라고 답한다면 "그래? 하지만 아무리 자상해도 자식에게 밥도 못 사주는 건 너무 비참하지 않니?" 같은 질문을 던져보자.

만일 자녀가 "그럼 부자요!"라고 답한다면 이번에는 "남편이 너를 때리거나 화를 내도 참을 수 있어?"라고 반문하는 것이다. 자녀가 "그럼 어떻게 하면 좋아요?"라고 묻는다면 "남편이 돈을 못 벌어서 가난하면 아내는 뭘 할 수 있을까?", "만약에 남편이 폭력을 휘두르면 어떻게 하면 좋을까?" 같은 질문을 건네고 함께 고민해보는 것이다.

이런 시간을 통해서 자녀의 잠재의식에 '누구랑 결혼을 하든 행복해지는 방법을 찾을 수 있다'는 '행복의 씨앗'을 심을 수 있다.

'끌어당김의 법칙'의
진실이란?

카페에 가면 다양한 사람들이 이야기꽃을 피우는 것을 볼 수 있다. 예를 들어 여사원들은 이런 식으로 말한다.

"내 이야기 좀 들어봐. 남친 휴대폰을 봤더니 또 어떤 여자한테서 문자가 온 거 있지."
"남자란 동물은 참 알다가도 모르겠단 말이야. 바람피우도록 설계가 되어 있는 건지 뭔지."
"그래도 마지막 순간에 너한테 돌아오면 되지 않아?"

그 옆에 모여 앉은 젊은 엄마들은 이렇게 말하고 있다.

"자기, 그 목걸이 참 예쁘다. 불가리 제품이야?"

"어머 알아보네? 남편이 선물로 사줬어."

"아휴 부러워라. 좋겠다! 나도 이번 생일에 켈리백 좀 사달라고 졸라볼 참이야."

그 옆의 중년 주부들은 또 이렇게 말한다.

"남자는 그저 밖에 나가서 돈 벌어오는 게 최고예요."

"맞아요. 정년퇴임하고 집에만 있으면 얼마나 귀찮게요."

"누가 아니래요. 조금만 더 벌어다주면 대출금 갚기가 수월할 텐데요."

어느 무리든지 자기 좋을 대로 하고 싶은 이야기를 나눈다.

유유상종이라고 했던가? 이들이 나누는 이야기를 듣고 있으면 서로 비슷한 환경에서 자란 사람들이라는 것을 느끼게 된다.

여기서 더 재미있는 사실은 각자가 자신의 잠재의식에 심긴 씨앗을 서로 도와가며 사이좋게 키우고 있다는 점이다. 이를 테면 여사원들은 '남자란 동물은 바람을 피운다. 여자는 남자를 기다린다'라는 '불행의 씨앗'을 함께 키우고, 젊은 엄마들 무리는 '경제력이 있는 남자에게 기대면 값비싼 물건을 손에 넣을 수 있다'는 '불행의 씨앗'을 함께 키우며, 중년 주부들은 '남자는 마차를 끄는 말처

럼 열심히 일해서 가족을 먹여 살리는 존재다'라는 '불행의 씨앗'
을 키우는 것이다.

　이런 여성들이 딸에게 미치는 영향은 어떨까? 이제 알겠는가?
'남자는 바람을 피우는 존재다'라는 씨앗이 심긴 여자아이는 자연
스럽게 바람기가 다분한 남자에게 관심이 쏠린다. 또한 '여자는 참
아야 한다'라는 씨앗이 심긴 남자아이도 자연스럽게 자신의 바람
기를 참아줄 여자에게 관심이 쏠린다.

　이런 두 남녀가 만난다면… 그렇다. 이것이 바로 '끌어당김의 법
칙'의 진실이다. 만약에 사랑하는 딸이 장래에 이상적인 남성과 연
애하기를 바란다면 그런 남성의 잠재의식에 어떤 여성을 선택하
는 씨앗이 자라고 있는지를 생각해보자.

　아마도 '경제적인 자립과 정신적인 건강을 갖추고 서로 의지하
고 도울 수 있는 예쁘고 마음씨 착한 여자' 등의 답이 나올 것이다.
그러니 딸에게 반드시 '이상적인 파트너를 끌어당기는 씨앗'을 많
이 심어주도록 하자.

"

행복한 여자들에게는 공통점이 있다.

바로 '행복해지는 기술'을 알고 있다는 점이다.

또한 행복한 사람은 다른 사람까지 행복하게 만든다.

세상에서 가장 사랑하는 딸을 세상에서 가장 행복한 여자로 키우고 싶다면

'반드시 행복해지는 씨앗'을 심어주자.

"

행복의 씨앗 7

여자아이의 잠재의식에 슬며시
'반드시 행복해지는 씨앗'을 심는다

절대로 심어서는 안 되는 '불행의 씨앗'

딸의 행복을 바라지 않는 부모는 세상에 없다. 그러나 아무리 많은 행복의 조건을 갖추었어도 행복하다고 느낄 수 없다면 과연 그 것이 행복일까? 그렇다면 왜 행복하다고 느끼지 못하는 것일까?

행복을 느낄 수 없는 '불행의 씨앗'이 자라고 있기 때문이다. 여 기서는 그런 '불행의 씨앗'이 어떻게 여자아이의 잠재의식에 심기 는지 알아보자.

① 부모가 항상 불평불만을 늘어놓고 사과하지 않는다

"아, 정말 지겹다, 지겨워! 월급쟁이 남편이랑 살기 참 빡빡하네. 월급도 안 오르고. 게다가 자식이라고 하나밖에 없는데 열심히 공 부해서 성적 좀 올릴 생각은 않고….."

루미의 엄마는 항상 투덜대기 바쁘다.

→ 부모가 항상 불평불만을 늘어놓고 현재의 환경과 가족에게 감사하지 않으면 자녀의 잠재의식에는 '자신의 불행은 남의 탓이다'라는 '불행의 씨앗'이 심기고 만다.

이런 아이는 커서도 정작 자신은 노력하지 않으면서 누군가가 그렇게 해주는 것을 매우 당연시하고, 항상 뭔가가 부족하다며 불평하기 쉽다.

② 부모가 '자기 자식만 괜찮으면 된다'고 생각한다

"쉿! 집에 과외 선생님이 오시는 건 비밀이야!"

"이치코를 위해서 선생님께 과자를 보내놨어."

"학교에 기부해야지."

이치코의 엄마는 사랑스러운 이치코가 남들보다 조금이라도 유리하고 뛰어나야 한다고 생각한다.

→ 부모가 '자기 자식만 괜찮으면 된다'는 식으로 행동하면 자녀의 잠재의식에 '내가 이기면 그만이다. 그러려면 남을 짓밟아도 괜찮다'라는 '불행의 씨앗'이 심긴다.

이런 아이는 다른 사람의 성공과 행복을 질투하거나 방해하는 여자로 자란다. 그러나 실제로 사회로 나가면 혼자 할 수 있는 일에는 한계가 있다. 타인과 협력하지 못하거나 믿지 못하는 사람은 그만큼 성장할 기회도 적어진다. 그러다 결국 주변 사람들에게 도움을 받지 못하는 사람이 되기도 한다.

③ 부모가 남의 단점만 보고 파헤치려고 한다

"저 집 애는 애 같지 않아."

"○○ 엄마는 뭔가 심술궂어."

료코의 엄마는 항상 다른 사람의 험담을 하느라 바쁘다.

→ 부모가 다른 사람의 험담을 늘어놓거나 단점만 파헤치려고
하면 자녀의 잠재의식에는 '누군가와 만나면 자신과 다른 점이
나 단점, 허용할 수 없는 부분을 찾아야 한다'라는 '불행의 씨앗'
이 심긴다.

이런 환경에서 자란 아이는 어른이 되어서 다른 사람의 단점
과 부족한 면만 찾게 되어 결국 아무도 좋아할 수 없게 된다.

또한 잠재의식이라는 것은 타인에 대한 부정적인 감정, 말투
가 자신에게도 해당된다고 생각하는 성질이 있어서 자신도 모

르는 사이에 그런 사람이 되고 만다. 그리고 부정적인 관점을 가진 사람은 당연히 주변 사람들이 꺼리고 멀리하기 마련이다.

④ 자식을 고생시키지 않는다

"여름방학 숙제는 아빠가 해줄 테니까 걱정하지 마."

"그렇게 애쓰지 않아도 돼."

"그렇게 슬픈 책은 읽지 않아도 괜찮아."

"이것 봐, 생선 가시가 빠졌지?"

"위험하니까 엄마가 등하굣길은 마중 나갈게."

히토미의 엄마와 아빠는 언제나 히토미를 애지중지한다.

→ 부모가 자녀를 너무 감싸고 힘든 일도 못하게 하면 자녀의 잠재의식에 '슬픈 일이나 힘든 일을 하는 것은 바보 같은 일이다. 부정적인 일에는 가능하면 관심을 두지 말자'라는 '불행의 씨앗'이 심긴다.

이런 아이는 커서 감동할 줄 모르고 문제를 직시하지도 못한다. 또한 자그마한 장벽이 눈앞에 나타나면 크게 상처받는 나약한 인간이 되기 쉽다.

⑤ 부모가 책을 읽지 않는다

시즈네는 국어 과목이 어렵다. 선생님에게서 "책을 좀 더 읽으면 좋겠다"라는 조언을 들었지만 집에 책이 없다. 시즈네는 아빠와 엄마가 책을 읽는 모습을 본 적이 없다.

→ 부모가 책을 읽지 않으면 아이의 잠재의식에는 '책은 따분하다. 딱히 읽지 않아도 괜찮다'라는 '불행의 씨앗'이 자란다.

이런 아이는 커서 공감 능력과 사고력, 상상력, 언어 능력 등이 남들보다 떨어지게 된다. 즉, 삶에 필요한 지혜가 부족해서 살다보면 겪게 될 다양한 상황에서 실수나 실패를 되풀이하거나 후회하기 쉽다.

⑥ 부모가 자식 자랑을 한다

다카코의 엄마, 아빠는 자신들보다 뛰어난 딸이 자랑스러워 늘 이렇게 말한다.

"개천에서 용 났다니까."

"우리를 안 닮아서 참 다행이야."

"다카코라면 커서 뭐든지 될 수 있을 거야."

부모님들은 다카코를 마치 보물처럼 애지중지 키운다.

→ 부모가 재능도 많고 공부도 잘하는 자녀에게 원하는 대로 다 해주면 '나는 뛰어나고 특별한 사람이다. 나는 남들보다 우선시되어야 한다'는 '불행의 씨앗'을 심게 된다.

이런 아이는 실패를 하더라도 순순히 받아들이지 못하고 항상 남의 탓으로 돌리는 인간이 될 수 있다. 또한 고등학교, 대학교에 진학해서 자신보다 뛰어난 사람을 만났을 때 상대방을 인정하지 않거나 절망과 패배감에 빠져 자기 자신을 괴롭게 만들기도 한다.

⑦ 가족끼리 잘 웃지 않는다

'밥 먹을 때는 말하지 않는다. 예의 바르게 조용히 먹는다.'
마나미네 집에서 지켜야 하는 식사 예절법이다.
→ 부모가 예절 교육에 엄격하거나 너무 성실한 나머지 가족끼리 우스갯소리조차 하지 않으면 자녀의 잠재의식에 '인생에는 그리 재미있는 일이 별로 없다. 아니, 오히려 재미있다는 기분이 뭔지 모르겠다'는 '불행의 씨앗'이 심긴다.

이런 아이는 당연히 기쁨과 즐거움을 느끼지 못하는 따분한 인생을 살게 된다.

남과 비교해야 행복감을 느낀다.

자신에게 없는 것, 자신에게 부족한 것에만 관심을 둔다.

다른 사람의 행복을 함께 기뻐하지 못한다.

이런 '불행의 씨앗'이 심기면 아무리 머리가 좋아도, 아무리 얼굴이 예뻐도, 아무리 돈이 많아도 절대 행복해질 수 없다.

딸의 미래를 위해서 부디 이런 '불행의 씨앗'만은 심지 않도록 노력하자.

일곱 가지
'반드시 행복해지는 씨앗'

이번 장의 첫머리에서도 언급했듯이 행복한 여자들에게는 공통점이 있다. 바로 '행복해지는 기술'을 지니고 있다는 점이다.

그렇다면 행복해지는 기술이란 무엇일까? '행복을 느낄 수 있는 마음'이다. 다시 말해서 행복해지기 위한 절대 조건은 '행복을 느낄 수 있는 마음'을 갖는 것이다.

우리 몸은 누군가가 옭아맬 수 있어도 마음만은 그 누구도 옭아맬 수 없다. 즉, 마음은 자유다. 행복을 느낄 수 있는 마음만 있다면 우리는 언제, 어디서든 행복해질 수 있다.

① 부모가 자신의 삶에 보람을 느끼며 산다

삶에 시련이 닥쳐도 보람을 느끼며 사는 사람은 시련을 씩씩하게 극복할 수 있다. 실제로 삶의 보람은 돈이나 명예보다도 우리에게 훨씬 더 큰 희망과 살고자 하는 의지를 북돋아다 준다. 부모라면 이런 힘을 길러주는 씨앗을 반드시 자녀의 잠재의식에 심어주어야 한다.

그렇다면 구체적으로 어떻게 하면 좋을까? 일단 부모가 자신의 삶에 보람을 느껴야 한다. 예를 들어 정신이 나갈 정도로 즐거운 일이나 돈을 받지 못하더라도 푹 빠질 수 있는 일, 반드시 이루고 싶은 꿈, 목숨을 걸고 자식을 지키는 일 등에서 보람을 느낄 수 있을 것이다. 따라서 자녀와 차분하게 대화를 나눌 때, 자녀의 연령에 맞추어 부모의 삶의 보람에 대해서 알기 쉽게 이야기해 주면 좋다.

아이들에게는 저마다 독특한 개성이 있다. 이것이 훗날 삶의 가장 큰 자산이 되므로 자녀가 태어날 때부터 유독 좋아하고 기뻐했던 것이 무엇이었는지 찬찬히 떠올려보자. 어쩌면 동물과 사이좋게 지내거나 뭔가에 몰두해서 연구하는 것일지도 모른다.

만일 그것이 뭔지 알았다면 자녀에게 체험할 수 있는 기회를 많이 만들어 주자. 그리고 그 체험을 진심으로 '공감'해 주자. 이렇게 하면 자녀의 잠재의식에 '인생은 참으로 멋진 것이다. 온몸이 떨릴 정도로 열심히 살고 싶다'는 '행복의 씨앗'을 심을 수 있다.

② 감동할 줄 아는 마음을 길러준다

행복해지기 위한 절대 조건은 행복을 느낄 수 있는 마음을 갖는 것이다. 즉, 다양한 일에 감동할 수 있는 유연한 마음을 길러주는 씨앗이 필요하다. 이를 테면 어렸을 때부터 책을 많이 읽거나 부모와 대화를 자주 나눈 아이는 자연스럽게 감동하는 마음을 기를 수 있다.

폭력적인 장면이나 공포 영화 등은 아이에게 나쁜 영향을 미친다. 그러나 연령에 따라서는 전쟁 영화나 전쟁 체험담 혹은 뉴스로 보도되는 비참한 현실을 주제로 의견을 나누는 것도 효과적이다.

또는 어린아이에게는 『곤기츠네(ごんぎつね)』(주인공 '효주'가 어머니를 위해 물고기를 잡고 있는데 장난기 많은 새끼 여우 '곤'이 물고기를 강에 던져버린다. 나중에 효주의 어머니가 돌아가신 것을 알고 미안해진 곤이 사과의 의미로 효주의 집에 몰래 먹을 것을 가져다주는데, 이를 이상하게 여긴 효주가 범인이 누구인지 밝히려고 잠복해 있다가 총으로 곤을 쏘고 만다 - 옮긴이)와 같은 동화를 읽어주고 슬픔을 함께 나누는 경험을 하는 것이 좋다.

부모와 자식이 다양한 감동을 나누면 자연스럽게 언어 능력도 향상되고, 무엇보다 감동을 자신 이외의 누군가와 공유할 수 있는 게 인생에서 가장 큰 기쁨이라는 것을 알려줄 수 있게 된다. 이를 통해서 '우리 삶에는 슬픈 일도 많다. 그러니 가족과 함께 사는 것만으로 행복하다'는 '행복의 씨앗'을 심을 수 있다.

③ 평범한 일상에서 소소한 기쁨을 찾아준다

평범한 일상 속에서 '소소한 기쁨'을 찾는 것도 행복하게 사는데 큰 힘이 된다. 따라서 짧은 시간이라도 괜찮으니 부모와 자녀가 함께 산책하는 습관을 길러보자. 산책을 하면서 푸르른 하늘과 풀잎 향기, 작은 꽃봉오리, 새들의 지저귐, 산들바람을 느끼며 자녀와 함께 추억을 쌓는 것이다.

이런 시간들이 '이 세상에는 아름다운 것들이 참 많다. 그런 것들을 느끼고 사는 것은 멋지고 기쁜 일이다'라는 '행복의 씨앗'으로 자란다.

④ 부모가 남에게 베푸는 기쁨을 안다

사람은 자신보다 남을 위해서 뭔가를 했을 때 더 큰 행복을 느낀다는 통계 자료가 있다. 기본적으로 인간은 선한 동물이다. 예를 들어 부모가 자신과 가족 이외의 사람을 위해서 시간과 에너지를 나누는 모습을 자녀에게 보이면 '사람은 서로 도우면서 살아가는 존재다. 누군가를 위해서 뭔가를 베풀 수 있다는 것은 기쁜 일이다'라는 '행복의 씨앗'을 심을 수 있다. 따라서 자녀에게 다른 사람이나 심지어 동물을 위해서 뭔가를 할 수 있는 기회를 만들어 주는 것이 필요하다.

예를 들어 자원 봉사도 좋고 가족 중 누군가를 돕는 것도 좋다. 또한 '괜찮아요?', '항상 고마워요!', '엄마가 제일 좋아요' 등 자녀가 해주는 자상하는 말 한마디에 "어쩜, 너무 기쁘다! 그런 말을 해주다니 힘이 불끈 솟네!"라고 답해보자. 그러면 아이의 잠재의식에 '말 한마디로 다른 사람을 격려할 수 있다'는 '행복의 씨앗'을 심을 수 있다.

⑤ 자녀가 많이 웃도록 한다

수차례 언급했지만 웃음은 기쁨 그 자체다. 사람은 웃는 만큼 행복해질 수 있다. 한 번이라도 더 많이 웃는 사람이 인생의 승자다. 이런 의미에서 웃음이 터져 나오는 온도는 낮을수록 좋다.

일단 집에서 가족이 함께 코미디 프로그램을 시청하거나 즐거운 이벤트를 자주 가질 것을 추천한다. 자녀가 많이 웃을 수 있도록 하고, 부모 또한 마음에서 우러나오는 기쁜 웃음을 많이 보여주어야 한다.

부모의 웃는 모습은 자녀의 마음을 안정시키고 '내가 웃거나 남이 웃는 모습을 보는 것은 즐거운 일이다. 가능하면 웃을 기회를 많이 찾자'는 '행복의 씨앗'을 심어야 한다. 가족끼리 제스처 게임이나 흉내 내기, 재미있는 책을 낭독하는 등 다양한 이벤트를 해보고 크게 웃어보자. 이런 시간이 오히려 해외여행을 떠나는 것보다 자녀의 기억에 따스한 추억으로 남는다.

⑥ 부모가 동물을 진심으로 사랑한다

자기 자신을 사랑하는 것도 중요하지만 다른 사람이나 동물을 진심으로 사랑하는 것도 삶에 큰 에너지가 된다. 개, 고양이와 같은 반려동물을 집에서 가족이 함께 소중히 키우면 자녀의 잠재의식에 '지켜줘야 할 동물은 귀엽고 사랑스런 존재다'라는 '행복의 씨앗'을 심을 수 있다.

동물을 대하는 부모의 태도는 인간으로서 약자를 어떻게 지키고 사랑해야 하는지에 대한 본보기가 된다. 그러니 책임과 애정을 갖고 동물을 돌보고 자녀에게 좋은 본보기를 보여주길 바란다.

동물을 기르지 않는 집은 어린 아기나 옆집에서 키우는 개, 고양을 볼 때마다 '참 귀엽다', '어쩜 저리도 예쁠까?' 등을 자주 말해주는 게 좋다. 이런 대화가 자녀의 잠재의식에 '행복의 씨앗'으로 자란다.

⑦ 미래에 대한 희망을 품게 한다

앞에서도 언급했듯이 삶의 보람을 느끼며 사는 사람에게는 무슨 일이든 씩씩하게 극복할 수 있는 힘이 있다.

따라서 자녀에게 항상 미래에 대한 희망을 갖게 해야 한다. 다음과 같은 대화를 통해서 가까운 미래 혹은 먼 미래에 대한 희망을 의식할 수 있도록 이끈다.

"우리 딸은 커서 뭐가 되고 싶어?"

"몇 학년이 되면 누구처럼 되고 싶니?"

이는 자녀의 잠재의식에 '미래에는 즐거운 일이 기다리고 있다. 지금보다 훨씬 더 좋아질 것이다'라는 '행복의 씨앗'이 된다.

⑧ 반드시 행복해지는 '언어의 씨앗'

일상에서 주고받는 대화를 통해서 여자아이의 잠재의식에 슬며시 '반드시 행복해지는 씨앗'을 심는다.

"오늘 너무 친절한 사람을 만났어."

"빗소리를 들으면 마음이 차분해지지 않니?"

"엄마는 분명 우리 ○○의 엄마가 되려고 태어난 것 같아."

"어떻게 하면 전쟁이 사라질까?"

"텔레비전에서 본 아프리카 아이들을 돕는 데 우리가 할 수 있는 일은 뭘까?"

인간은 누구나 행복해지길 바라고 행복을 찾으려고 한다. 나도 오랫동안 나만의 행복을 찾아 헤매며 갖은 고생을 다했다. 하지만 찾지 못했고 결국 큰 병에 걸리고 말았다. 그리고 죽음을 각오하며 '결국 찾지 못했구나…' 하고 체념하려던 그때, 내가 찾던 행복이 늘 내 눈앞에 있었음을 깨달았다.

그것은 다름 아닌 아들과 딸 그리고 여섯 마리의 반려견이었다. 내가 그토록 오랫동안 찾아 헤매던 '행복'이 바로 내 옆에 있었던 것이다. 나는 엄마가 된 순간, 세상에서 가장 큰 행복을 손에 넣었던 것이다. 돌이켜보면 그런 행복을 제대로 느끼지 못한 채 허송세월한 긴 시간이 그저 안타까울 뿐이다. 그래서 꼭 이 말을 전하고 싶다.

'지금 눈앞에 있는 자녀야말로 당신 인생의 기쁨 그 자체'라고 말이다.

그러니 자녀의 잠재의식에, 아니 사랑스런 딸의 인생에 '반드시 행복해지는 씨앗'을 많이 심어줄 수 있기를 간절히 바란다.

'반드시 행복해지는 씨앗'을 기르는
"만약에?"라는 질문

"만약에?"로 시작하는 질문은 아이의 잠재의식을 자극할 수 있다. 또한 부모와 자식이 이런저런 대화를 나눔으로써 유대감이 깊어진다.

자, "만약에?"라는 질문을 통해서 여자아이의 잠재의식에 슬며시 '반드시 행복해지는 씨앗'을 심어보자.

1. 만약에 당신이 중병에 걸려서 앞으로 1년 밖에 살 수 없다면 그 1년 동안 무엇을 하겠는가?

2. 만약에 당신에게 남겨진 수명을 누군가
에게 주고 싶은 만큼 나눠줄 수 있다면
누구에게 얼마만큼 나눠줄 것인가(단, 자
신의 수명이 어느 정도 있을지는 모른다)?

1. 만약에 당신이 중병에 걸려 앞으로 1년밖에 살 수 없다면 그 1년 동안 무엇을 하겠는가?

이 질문은 어른이라도 대답하기 어려울 것이다. 이 질문을 통해
서는 자녀에게 '죽음과 삶에 대한 가치관'을 길러줄 수 있다.

인간은 누구나 태어나고 죽는다. 따라서 죽음을 의식하면서 살
아야 보다 충실하고 진실한 삶을 모색할 수 있다. 즉, 이 질문의 답
을 생각하는 시간은 자녀에게 삶의 의미와 삶에서 중요한 것들을
가르치는 씨앗이 된다.

만약에 자녀가 "그럼 공부는 더 안 해도 돼요?"라고 답한다면
"그래. 치나쓰의 인생이니까 너 좋을 대로 선택하면 된단다. 자, 그
럼 1년 동안 뭐가 하고 싶어?"라고 좀 더 깊이 있는 질문을 던져보
자. "엄마라면 치나쓰가 어른이 될 때까지 가르쳐주고 싶은 것들
을 전부 편지에 쓸 거야"라고 답해도 좋다.

2. 만약에 당신에게 남겨진 수명을 누군가에게 주고 싶은 만큼 나눠

줄 수 있다면 누구에게 얼마만큼 나눠줄 것인가(단, 자신의 수명이 어느 정도 있을지는 모른다)?

이 질문도 자녀에게 인간이 살아가는 시간의 중요성을 일깨우는 효과가 있다. 또한 무엇보다 소중한 생명을 나눠주고 싶은 존재에 대한 애정과 갈등을 경험할 수 있는 좋은 기회를 제공한다.

만약에 자녀가 "할머니께 10년을 줄래요!"라고 답한다면 "기특해라. 할머니가 기뻐하시겠다. 그런데 할머니도 미나코에게서 수명을 받고 싶다고 생각하실까?"라며 일부러 더 많은 생각을 하도록 유도한다. 이렇게 하면 가족 간의 유대, 애정의 깊이에 대해서 생각하고 배우는 씨앗을 심을 수 있다.

"그럼 엄마는 우리 집 늙은 강아지 포치에게 줘야겠어. 동물은 사람보다 수명이 짧으니까", "아빠는 미나코가 엄마가 되는 모습을 보고 싶거든. 그래서 아무한테도 안 줄래" 같은 말처럼 인간의 생명에 대해서 가족끼리 서로의 의견을 나눠보자.

부모가 자녀에게 선물할 수 있는
'최고의 씨앗'

지금으로부터 몇 년 전, 비슷한 연령대의 여자 두 명이 내 사무실을 찾아왔다. A씨의 남편은 유명 기업의 부장으로 집도 자가고 꽤 비싼 도심 지역에 위치해 있었다. 그리고 아들이 한 명 있었다.

"선생님, 제 인생은 왜 이렇게 뜻대로 되질 않죠? 남편 수입이 지금보다 300만 엔만 더 많으면 저도 하고 싶은 공부를 할 수 있을 텐데. 게다가 아들 녀석은 좀 더 좋은 상위권 대학에 들어갈 수 있었는데 금방 포기해 버렸어요."

A씨에게 남편의 연봉을 묻자 1,500만 엔이라고 했다.

B씨는 1년 전부터 예약을 잡고 상담을 받으러 지방에서 올라온 여자였다. B씨는 서서히 몸이 굳는 난치병을 앓고 있었는데, 2년 전에 트럭 운전수였던 남편마저 사고로 숨지고 세 자녀를 혼자 힘

으로 키우고 있었다. 더욱 안타까운 것은 남편의 사고 원인이 졸음 운전으로 밝혀져 산업재해로도 인정받지 못했고, 게다가 생명 보험도 가입하지 않았다고 한다.

"밤낮없이 열심히 일하면서 선생님께 상담받을 비용을 조금씩 모았어요. 저는 죽은 제 남편을 최면의 세계에서 꼭 만나고 싶어요. 남편이 살아있을 때 고마운 마음을 전하지 못했거든요. '여보, 이렇게 건강하고 사랑스러운 아이들을 남겨줘서 고마워요. 나는 행복해요'라고 꼭 말해주고 싶어요."

B씨는 내게 그렇게 말했다.

자, 두 여자의 이야기를 듣고 당신은 어느 쪽이 더 행복하다고 생각하는가? 나는 B씨가 행복하다고 생각한다. 왜냐하면 행복을 실감하고 있기 때문이다.

불교 용어에 '일수사견(一水四見)'이라는 말이 있다. 이는 같은 물이라도 지옥의 아귀는 피고름으로 보고, 물고기는 보금자리로 보고, 인간은 마시는 물로 보고, 천계에 사는 신은 아름다운 보석으로 본다는 것이다. 같은 물도 보는 이의 마음 상태에 따라서 달리 보인다는 뜻이다.

행복의 힌트도 이와 마찬가지다. 자신에게 부족한 것이 아니라, 자신이 가지고 있는 것에 감사하며 살 수 있다면 누구나 행복해질 수 있다. 또한 자신이 가진 것을 나눌 수 있는 자상한 마음과 용기가 있는 사람은 빛이 난다. 물론 자신의 돈과 시간을 누군가에게 나눠주는 것은 그리 쉬운 일이 아니다.

그때마다 나는 마더 테레사의 '칭찬의 말 한마디로 타인을 몇 년 동안이나 행복하게 해줄 수 있다'라는 메시지를 떠올린다. 일상에서 주고받는 평범한 말 한마디가 상대방에게 몇 년 동안이나 행복할 수 있는 힘이 된다는 것이다.

진심어린 칭찬의 말 한마디는 지금 당장이라도 누군가에게 할 수 있지 않은가?

그리고 만약에 전 세계 사람들이 이런 선물을 누군가에게 전할 수 있다면? 그러면 당신의 자녀만이 아니라, 이 세상의 모든 아이들이 안심하고 즐겁게 생활할 수 있고, 어느 국적의 아이들이든 건강한 어른으로 성장할 수 있을 것이다.

그런 사회를 만들고자 하는 씨앗이야말로 미래를 열어갈 자녀에게 부모가 줄 수 있는 최고의 선물이 아닐까?

여자아이를 둔
이 세상의 모든 엄마, 아빠에게

'아이의 잠재의식에 성공의 씨앗을 심는 책을 써보고 싶다.'

이런 생각을 가지게 된 것은 지금으로부터 몇 년 전, 벚꽃이 피는 어느 봄날의 일이었다. 그때 나는 '신장, 소장, 자궁, 난소 네 군데에 종양이 전이되었다'는 의사의 말에 갑작스럽게 죽음을 맞닥뜨리게 되었다.

'왜 하필 나야? 내가 무슨 잘못이라도 한 건가…'

사람은 누구나 언젠가 죽는다는 것을 알고 있었지만 막상 죽음을 눈앞에 두니 소름 끼칠 정도로 두려웠고 말할 수 없는 절망감에 온몸이 떨렸다. 그리고 무엇보다 두 아이를 남겨두고 죽는 것이 제일 두려웠다. 당시 딸은 고등학생, 아들은 중학생이었다. 어린 나이는 아니었지만 그래도 아직 엄마의 손길이 필요한 시기였다.

나는 수술하기 전 아이들을 불러 직접 유언을 전하고 싶었다. 머릿속에는 온통 '엄마가 없어도 공부 열심히 해서 좋은 대학에 들어가거라. 그리고 안정된 직업을 가져라'라는 말뿐이었다. 그런데 어두운 표정을 한 딸과 엄마를 본체만체하는 반항기의 아들을 본 순간, 다른 말이 나왔다.

"있잖니, 너희들도 알겠지만 엄마가 죽을지도 몰라. 엄마가 죽고 나서 너희들이 앞으로 대학을 선택하거나 직업을 선택하거나 결혼을 하거나 어쩌면 이혼을 할지도 모를 텐데. 그런 순간이 찾아올 때마다 '엄마라면 뭐라고 할까?'라는 생각이 들 거야. 그럴 때의 답을 미리 말해줄게."

아들은 내가 말을 하는 동안에도 여전히 나를 본체만체했다.

"만약에 살다가 어느 쪽을 선택해야 할지 고민이 될 때는 눈을 감고 마음의 소리를 잘 들어보렴. 어느 쪽이 설레고 어느 쪽이 행복할 것 같은지. 설령 너희들의 선택이 남들 눈에는 어리석어 보이거나 고생하는 것처럼 보여도 망설이지 말고 마음의 소리를 따라서 선택했으면 좋겠다. 이게 엄마가 너희들에게 꼭 남기고 싶은 말이란다."

순간 나는 '아니 도대체 내가 무슨 말을 한 거지?'라며 깜짝 놀랐다. '공부 열심히 해서 좋은 대학에 가라'고 말하려고 부른 건데… 그런데 실제로 아이들에게 머릿속의 생각과 다른 말을 하고 나서야 비로소 나는 '아, 이게 내가 아이들에게 진짜 하고 싶었던 말이구나' 하는 확신이 들었다.

"그리고 아마도 너희가 어른이 되면 '엄마에게 좀 더 잘할걸. 효도할걸'하는 후회가 밀려올지도 몰라. 그래서 엄마가 효도하는 방법을 알려줄게. 이 역시도 눈을 감고 너희들 마음의 소리를 잘 들어보는 거야. 지금 자신이 가슴 떨리는 목표를 향해서 나아가고 있는지 아닌지. 만일에 목표를 향해서 나아가고 있다면 그게 엄마를 위한 최고의 효도란다."

다음 날, 나는 고열에 시달렸다. '이대로 병원에 실려 간다면 바로 수술이겠구나. 그전에 몸을 좀 씻어야겠다'는 생각이 들었지만, 쇠약해진 몸으로 혼자 만족할 만큼 깨끗하게 씻기는 힘들었다.

그때였다. 딸이 목욕탕으로 들어와 내 몸을 머리부터 발끝까지 깨끗이 씻겨줬다. 목욕을 마친 후에는 물기도 닦아주고 옷도 입혀주고 머리도 말려주었다. 그러곤 나를 갑자기 뒤에서 와락 끌어안았다.

"우리 딸, 우는구나. 그렇지, 엄마가 죽을지도 모르는데."

그런데 딸은 내 말에도 울지 않았다. 대신 이렇게 말했다.

"아니요, 엄마는 괜찮을 거예요! 죽지 않을 거예요! 내가 지켜줄 거니까요. 집안일이나 강아지들은 걱정 말아요. 내가 알아서 잘할 테니까요. 내가 꼭 지킬 거예요."

그 순간, 나는 '지금까지 내가 지켜줘야 했던 딸에게 지금은 내가 보살핌을 받고 사랑받고 있구나'라는 생각이 들며 '인생에서 가장 갖고 싶었던 것을 손에 넣었음'을 깨달았다. 그리고 기적적으로 살아남게 된 나는 암 투병 생활을 통해서 소중한 것을 깨달았다.

바로 '자녀를 행복하게 하는 가장 큰 씨앗은 부모가 건강하고 행복하게 사는 모습을 보여주는 것'이라는 진실을.

그러니 여자아이를 둔 이 세상의 모든 부모들이여. 자기 목숨보다 더 소중한 딸을 위해서 우리들 부모의 인생도 기쁨으로 넘치는 삶으로 만들어보지 않겠는가?

부모가 행복하게 삶을 마감하는 모습을 보여주는 것이야말로 부모로서의 최고의 업적이다. 물론 육아는 끝이 없지만 추억으로 남지 못할 오늘이라는 평범한 하루가 훗날 소중한 시간이었음을 깨닫게 될 것이다. 그러니 딸을 마음껏 사랑하라.

내 아이를 위한 7가지 행복 씨앗
— 여자아이 편

초판 1쇄 인쇄 2019년 4월 1일
초판 1쇄 발행 2019년 4월 10일

지은이 | 나카노 히데미
옮긴이 | 이지현
펴낸이 | 윤희욱
편집 | 신현대
디자인 | 김윤남
마케팅 | 석철호

펴낸곳 | 창심소
등록번호 | 제2017-000039호
주소 | 경기도 파주시 문발로 405(신촌동) 307호
전화 | 070-8818-5910
팩스 | 0505-999-5910
메일 | changsimso@naver.com

ISBN 979-11-965520-6-0 03590

이 도서의 국립중앙도서관 출판예정도서목록(CIP)은 서지정보유통지원시스템 홈페이지
(http://seoji.nl.go.kr)와 국가자료공동목록시스템(http://www.nl.go.kr/kolisnet)에서
이용하실 수 있습니다.(CIP제어번호: CIP2019012216)